Adobe Firefly
AI 绘画 从入门 到精通

龙飞◎编著

化学工业出版社

·北京·

内 容 简 介

8章专题内容讲解+60个专家提醒放送+98分钟同步教学视频+108个实操案例解析+ 120个实用干货内容+210多个素材效果文件+480多张精美插图，随书还赠送了5200多个AI绘画关键词、160多页PPT教学课件、8章电子教案等资源，助你轻松玩转Adobe Firefly AI绘画！

本书从Firefly 的5大功能展开介绍，具体内容如下。

【以文生图】：介绍了通过关键词描述生成图像、设置图像的纵横比、设置图像的内容类型、使用各种图像样式、用文字生成图像的典型案例，以及应用图像特效的典型案例等内容。

【生成填充】：介绍了添加与删除绘画区域、设置画笔的大小与硬度、去除画面中的路人、给人物更换一件服装、给风光照片换一个天空、更换人物的发型、为蓝天白云添加一群飞鸟、更换照片四季风景等内容。

【文字效果】：介绍了设置文本的效果匹配、设置文字字体与背景颜色、文字特效的典型案例、使用自然示例效果、使用材质和纹理示例效果、使用食物和饮料示例效果等内容。

【矢量着色】：介绍了使用示例提示进行矢量着色、设置和谐的矢量图形色彩、为矢量图形指定固定色彩、为风景图形重新着色、为商品图形重新着色、为人物图形重新着色以及为手提袋图形重新着色等内容。

【PS AI工具】：介绍了扩展图像的画布内容、去除图像中多余的元素、生成一张山水风景图、去除风光照片中的路人、去除广告中的文字效果、修改广告图片的背景以及增加商品广告中的元素等内容。

本书图片精美丰富，讲解深入浅出，实战性强，适合以下人群阅读：一是设计师、插画师、漫画家、短视频博主、自媒体创作者、艺术工作者、电商美工等人群；二是摄影爱好者和专业摄影师；三是绘画爱好者；四是美术、艺术、设计等专业的学生。

图书在版编目（CIP）数据

Adobe Firefly：AI 绘画从入门到精通 / 龙飞编著 . —北京：化学工业出版社，2024.1

ISBN 978-7-122-44162-1

Ⅰ . ① A… Ⅱ . ①龙… Ⅲ . ①图像处理软件 Ⅳ . ① TP391.413

中国国家版本馆 CIP 数据核字（2023）第 173479 号

责任编辑：吴思璇　李　辰　孙　炜　　　　　封面设计：异一设计
责任校对：宋　玮　　　　　　　　　　　　　装帧设计：盟诺文化

出版发行：化学工业出版社（北京市东城区青年湖南街13号　邮政编码100011）
印　　装：北京瑞禾彩色印刷有限公司
710mm×1000mm　1/16　印张13¹/₂　字数302千字　2024年1月北京第1版第1次印刷

购书咨询：010-64518888　　　　　　　　售后服务：010-64518899
网　　址：http://www.cip.com.cn
凡购买本书，如有缺损质量问题，本社销售中心负责调换。

定　　价：88.00元

在当下科技迅速发展的时代，人工智能已经成为我们生活中不可或缺的一部分。我国正在构建人工智能等一批新的增长引擎，加快发展数字经济，促进数字经济和实体经济的深度融合，以中国式现代化全面推进中华民族伟大复兴。

AI绘画作为人工智能技术的一个重要应用领域，为我们带来了全新的艺术体验和创作方式，推动了艺术创作的发展。本书以Adobe Firefly为核心进行介绍，带领大家探索人工智能如何革新绘画艺术，深入学习AI绘画的前沿技术和应用领域，以及它对艺术创作和文化传承的影响。

Adobe Firefly是一个基于生成式AI技术的图像创作工具，用户可以通过文字快速生成风格多样的图片效果，而且它还提供了丰富的样式和选项，让用户轻松探索不同的可能性。无论是绘画艺术家，还是对这些领域感兴趣的普通读者，本书都将为您揭示AI技术所带来的无限可能性。

本书是一本聚焦于Firefly应用于绘画领域的实操性书籍。在本书中，读者将了解到通过关键词描述生成图像、用文字生成图像的典型案例、使用"生成填充"功能移除对象或绘制新对象、制作各种文字广告特效、为矢量图像重新着色以及PS AI工具的运用技巧等，让读者轻松绘制出精美的AI作品。

本书为读者提供了全方位的学习体验，可以帮助读者更好地理解AI绘画的应用场景和技术原理。同时，本书还提供了大量实用案例和技巧，帮助读者快速上手，打造出更具创意性和商业价值的AI绘画作品。

本书的目的是激发读者的想象力和创造力，我们希望通过Firefly AI绘画的无限潜力，鼓励大家去探索和实践，将AI技术与自己的艺术实践相结合，愿本书能够为您提供丰富的知识和启发，激发您的无限创造力。

本书的特别提示如下。

（1）版本更新：书中Photoshop为Beta（25.0）版、Firefly为Beta版。本书在编写时，是基于当前各种AI工具和软件的界面截取的实际操作图片，但本书从编辑到出版需要一段时间，这些工具的功能和界面可能会有变动，请在阅读时，根

据书中的思路，举一反三，进行学习

（2）关键词的使用：Photoshop（Beta）和Firefly均支持中文和英文关键词，同时对于英文单词的格式没有太多要求，如首字母大小写不用统一、单词顺序不用太讲究等。但需要注意的是，每个关键词中间最好添加空格或逗号。最后再提醒一点，即使是相同的关键词，AI工具每次生成的图像内容也会有差别。因此，在扫码观看视频教程时，读者应把更多的精力放在Firefly关键词的编写和实操步骤上。

上述注意事项在书中也有多次提到，这里为了让读者能够更好地阅读本书和学习相关的AI绘画知识，而做了一个总结说明，避免读者产生疑问。

本书由龙飞编著，参与编写的人员还有胡杨、苏高等人，在此表示感谢。由于作者知识水平有限，书中难免有错误和疏漏之处，恳请广大读者批评、指正，沟通和交流请联系微信：2633228153。

编　者

2023.7

第 1 章 Firefly 入门：了解 AI 绘画的功能与领域

第 2 章 以文生图：用文字生成图像（上）

第3章 以文生图：用文字生成图像（下）

第4章 生成填充：移除对象或绘制新对象

第 5 章　文字效果：一键生成字幕效果（上）

第 6 章　文字效果：一键生成字幕效果（下）

第 7 章　矢量着色：生成图像颜色变化

第 8 章　Firefly 扩展：Photoshop AI 工具的运用

第 1 章　Firefly 入门：了解 AI 绘画的功能与领域

Firefly（萤火虫）是一款于 2023 年 3 月面世的 AI 绘画工具，与 ChatGPT、Midjourney 等产品类似，是现在最流行的 AI 绘画工具之一，用户通过自然语言就能快速生成文本、图片以及特效等。本章将向读者介绍 Firefly 的基础知识，包括 Firefly 的基本概念、实用功能以及应用领域等。

1.1 什么是 Adobe Firefly（萤火虫）

Firefly（萤火虫）是Adobe公司于2023年3月22日推出的一款创意生成式人工智能（Artificial Intelligence，AI）工具。在Firefly中，通过文字描述可以生成图像、插图、文字及3D图像，可以帮助艺术家快速地生成各种艺术作品。

目前，Adobe Firefly的各项功能还在测试阶段，网页上方显示了Beta（公开测试）字样。图1-1所示为Adobe Firefly（Beta）主页中的相关绘画功能。

图 1-1　Adobe Firefly（Beta）主页

★ 专家提醒 ★

与传统的绘画创作不同，AI绘画的过程和结果都依赖于计算机技术和算法，它可以为艺术家和设计师带来更高效、更精准、更有创意的绘画创作体验。

AI绘画已经成了数字艺术的一种重要形式，它涵盖了各种技术和方法，它的优势不仅仅在于提高创作效率和降低创作成本，更在于它为用户带来了更多的创造性和开放性，推动了艺术创作的发展。

Adobe Firefly 的 AI 绘画功能具有快速、高效、自动化等特点，它的技术特点主要在于能够利用人工智能技术和算法对图像进行处理和创作，实现艺术风格的融合和变换，提升用户的绘画创作体验。

图1-2所示为在Adobe Firefly中通过"文字生成图像"功能输入英文关键词，生成的创意类风光图像。

图 1-2　在 Adobe Firefly 中生成的创意类风光图像

★ 专家提醒 ★

使用 Adobe Firefly 的 AI 绘画功能，可以启发用户的创造力，计算机可以通过学习不同的艺术风格，产生更多新的、非传统的艺术作品，从而提供新的灵感和创意。

1.2 Adobe Firefly 的实用功能

在 Adobe Firefly（Beta）主页中，有几个非常实用的功能，如"文字生成图像""创意填充""文字效果"以及"创意重新着色"，本节对这几个功能进行简单介绍。

1.2.1　文字生成图像

在 Adobe Firefly 中，"文字生成图像"的功能主要是通过输入详细的文本描述来生成各种需要的图像画面。在页面左侧单击"文字生成图像"右侧的"生成"按钮，进入"文字生成图像"页面，如图 1-3 所示，其中显示了许多设计师的 AI 作品。页面下方有一个文本输入框，在其中输入相应的英文描述，然后单击右侧的"生成"按钮，可以快速生成一张符合英文描述的图像画面，出图效率非常高，速度也比较快，可以大大提高 AI 绘画师的作图效率。

图 1-3　进入"文字生成图像"页面

　　图1-4所示为使用关键词Pink, Blue, Luminous Water, Colorful waterfalls，Flowing from top to bottom（大意为：粉红色，蓝色，发光的水，五颜六色的瀑布，从上到下流动）生成的AI图像。

图 1-4　使用"文字生成图像"生成的 AI 图像

1.2.2　创意填充

　　在Adobe Firefly中，"创意填充"的功能主要是使用画笔移除图像中不需要的对象，然后通过文本描述绘制新的对象到图像中。在Adobe Firefly（Beta）主页中单击"创意填充"右侧的"生成"按钮，进入"创意填充"页面，如图1-5所示。

图 1-5　进入"创意填充"页面

★ 专家提醒 ★

在"创意填充"页面下方，显示了许多运用"创意填充"功能创作的 AI 作品。

页面上方显示了提示语"使用画笔移除对象，或者绘制新对象"，单击"上传图像"按钮，用户可以上传一张图片进行绘画。图1-6所示为原图与重新绘制对象后的图像效果。

图 1-6　原图与重新绘制对象后的图像效果

1.2.3　文字效果

　　"文字效果"的功能主要是使用相应的文本提示将艺术样式或纹理应用于文本上，制作出独一无二的文字艺术特效，该功能适合需要制作文字广告的设计师使用。在页面中单击"文字效果"右侧的"生成"按钮，进入"文字效果"页面，如图1-7所示，其中显示了许多设计师创作的AI文字效果。

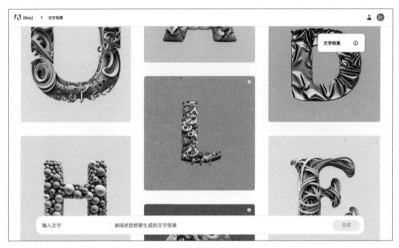

图 1-7　进入"文字效果"页面

　　页面下方有一个文本输入框，在左侧输入文字内容，在右侧输入相应的英文描述，用来形容文字的样式或纹理效果，然后单击"生成"按钮，可以快速生成符合要求的文字效果，如图1-8所示。

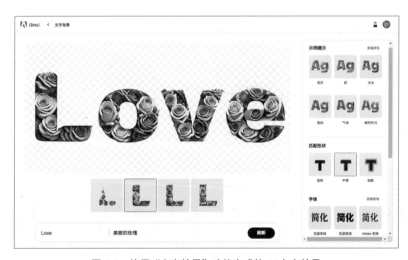

图 1-8　使用"文字效果"功能生成的 AI 文字效果

1.2.4　创意重新着色

"创意重新着色"的功能主要是通过输入详细的文本描述生成矢量图的颜色变化。在页面中单击"创意重新着色"右侧的"生成"按钮，进入"创意重新着色"页面，如图1-9所示，其中显示了许多AI矢量图作品。

图 1-9　进入"创意重新着色"页面

页面上方显示了提示语"生成矢量插图的颜色变化"，单击"上传SVG"按钮，用户可以上传一张SVG矢量图来重新着色。图1-10所示为重新着色后的矢量图效果。

图 1-10　重新着色后的矢量图效果

1.3 Firefly 在多个领域中发挥作用

Adobe Firefly AI绘画不仅可以用于生成各种形式的艺术作品，包括数字艺术、素描、水彩画、油画等，还可以用于自动生成艺术品的创作过程，从而帮助绘画师更快、更准确地表达自己的创意。Firefly的应用领域也越来越广泛，包括图像设计领域、文化艺术领域以及虚拟现实领域等，本节进行相关讲解。

1.3.1 图像设计领域

Adobe Firefly AI绘画技术可以帮助设计师和广告制作人员快速生成各种平面设计和宣传资料，如广告海报、宣传图等图像素材，如图1-11所示，还能帮助室内设计师生成各种室内图纸，减少人工设计的时间和成本。

图 1-11　生成用于广告海报的图像素材

★ 专家提醒 ★

图 1-11 中用到的关键词为 Publicity picture of Mobile advertising（手机广告宣传图片），用户使用简单的英文描述，即可得到相应的广告素材。

使用Adobe Firefly中的"文字效果"功能，可以一键生成不同的字体效果，用来制作广告文字非常合适。例如，在"文字效果"页面的左侧输入字母Q，在右侧输入英文描述Shiny gold liquid drip（亮金液滴），单击"生成"按钮，即可将字母Q生成类似亮金液滴的艺术字体效果，如图1-12所示。

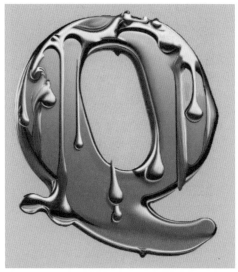

图 1-12　将字母 Q 生成类似亮金液滴的艺术字体效果

另外，在服装设计领域，使用Adobe Firefly还可以自动生成不同的纹理、图案和颜色，帮助设计师进一步优化产品的设计方案，如图1-13所示。

图 1-13　Adobe Firefly 在服装设计领域的应用

1.3.2　文化艺术领域

Adobe Firefly AI绘画的发展对文化艺术的推广有着重要的作用，它推动了文化艺术的创新。Firefly可以为设计师提供更多的灵感和创造空间，设计师利用AI绘画的技术特点，可以创作出具有独特性的数字艺术作品，如图1-14所示。

图 1-14　Adobe Firefly 在文化艺术领域的应用

　　此外，Firefly还能够自动将照片转换为不同绘画风格的图像，如"照片""图形"以及"艺术"等风格，其艺术风格的多样性令人惊叹，如图1-15所示。

"无"　　　　　　　　　　　　　　　　　　"照片"

"图形"　　　　　　　　　　　　　　　　　　"艺术"

图 1-15　将照片转换为不同绘画风格的图像

★ 专家提醒 ★

从 Adobe Firefly 的不同绘画风格中，我们可以看出，"照片"类似于真实的照片效果，"图形"中添加了多种绘画样式，"艺术"中又增加了一些艺术效果，用户可根据自己的实际需要选择相应的图像风格。

1.3.3　虚拟现实领域

Adobe Firefly 为虚拟现实带来了更多的想象空间，可以帮助电影和动画制作人员快速生成各种场景和进行角色设计，方便特效制作和后期处理。

图1-16所示为使用Adobe Firefly生成的电影场景画面，这些电影场景图可以帮助制作人员更好地规划电影和动画的场景。

图 1-16　使用 Adobe Firefly 生成的电影场景

图1-17所示为使用Adobe Firefly生成的角色设计图，可以帮助制作人员更好地理解角色，从而精准地塑造角色形象和个性。

图 1-17　使用 Adobe Firefly 生成的角色设计

★ 专家提醒 ★

图 1-16 中用到的关键词为 "super dream church, romance, fantasy, sky, clouds, fairy tale, Unreal technology engine rendering, 3D"（大意为：超级梦幻教堂，浪漫，幻想，天空，云，童话，虚幻技术引擎渲染，三维）。图 1-17 中用到的关键词为 "cute anthropomorphic bunny in a kimono under cherry blossoms in pixar style, HD rendering"（大意为：可爱的拟人化兔子在樱花下穿着和服，像素风格，高清渲染）。

使用 Adobe Firefly 不仅可以生成角色设计的效果图，还可以生成概念图和分镜头草图，如图 1-18 所示，以便更好地规划后期制作流程。

图 1-18 使用 Adobe Firefly 生成的分镜头草图

运用 Adobe Firefly 的 AI 绘画技术可以生成各种画面特效，例如烟雾、火焰、水波等，如图 1-19 所示，从而提高电影和动画的视觉效果。

图 1-19 使用 Adobe Firefly 生成的火焰特效

1.3.4　游戏开发领域

运用Adobe Firefly的AI绘画技术，可以帮助游戏开发者快速生成游戏中需要的各种艺术资源，例如游戏场景、人物角色、纹理生成等图像素材。

Adobe Firefly可以生成游戏中的背景和环境，例如城市街景、森林、荒野、建筑等，如图1-20所示。这些场景可以使用生成对抗网络（全称为Generative Adversarial Network，GAN）生成器或其他机器学习技术快速创建，并且可以根据需要进行修改和优化。

图 1-20　使用 Adobe Firefly 生成的游戏街景

Adobe Firefly的AI绘画技术可以用于游戏角色的设计，如图1-21所示。游戏开发者可以通过GAN生成器或其他技术快速生成角色草图，然后使用传统绘画工具进行优化和修改。另外，纹理在游戏中是非常重要的一部分，Adobe Firefly的AI绘画技术可以用于生成高质量的纹理，例如石头、木材、金属等。

★ 专 家 提 醒 ★

Adobe Firefly 的 AI 绘画技术在游戏开发中有着很多的应用，可以帮助游戏开发者高效生成高质量的游戏内容，从而提高游戏的质量和玩家的体验。

13

图 1-21　使用 Adobe Firefly 生成的游戏角色

本章小结

本章主要介绍了Adobe Firefly的基本概念，讲解了Firefly中的核心绘画功能与应用领域，包括"文字生成图像""创意填充""文字效果""创意重新着色"等实用功能，以及Firefly在图像设计、文化艺术、虚拟现实以及游戏开发领域中的应用。通过对本章的学习，读者能够更好地认识Adobe Firefly中的AI绘画功能。

课后习题

鉴于本章知识的重要性，为了帮助读者更好地掌握所学知识，本节将通过课后习题，帮助读者进行简单的知识回顾和补充。

1. 简述你对Adobe Firefly定义的理解。

2. 请简述Adobe Firefly中的"文字生成图像"功能。

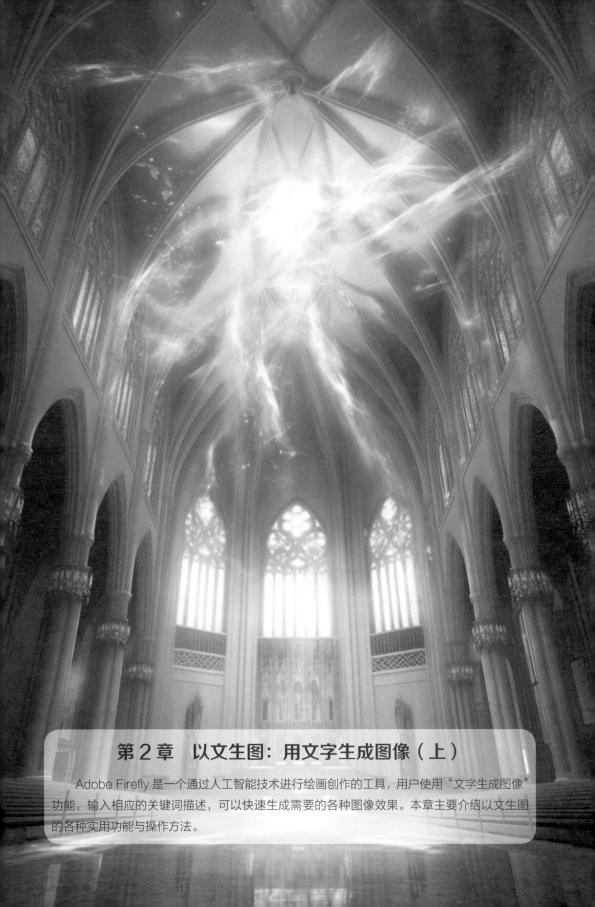

第 2 章　以文生图：用文字生成图像（上）

　　Adobe Firefly 是一个通过人工智能技术进行绘画创作的工具，用户使用"文字生成图像"功能，输入相应的关键词描述，可以快速生成需要的各种图像效果。本章主要介绍以文生图的各种实用功能与操作方法。

2.1 通过关键词描述生成图像

使用Firefly生成AI绘画作品非常简单，具体取决于用户使用的关键词。在"文字生成图像"中可以使用自定义的文生图功能进行AI绘画操作，还可以从图库中获得创作灵感，通过别人的作品生成新的图像，本节进行具体介绍。

2.1.1 案例：使用关键词提示生成迷幻毛虫

"文字生成图像"是指通过用户输入的关键词来生成图像。Firefly通过对大量数据进行学习和处理，能够自动生成具有艺术特色的图像。下面介绍使用Firefly中的"文字生成图像"功能生成相应图像的方法。

扫码看教学视频

步骤 **01** 进入Adobe Firefly（Beta）主页，在"文字生成图像"选项区中单击"生成"按钮，如图2-1所示。

图 2-1 单击"生成"按钮（1）

步骤 **02** 执行操作后，进入"文字生成图像"页面，输入相应的关键词，单击"生成"按钮，如图2-2所示。

★ 专 家 提 醒 ★

关键词也称为关键字、描述词、输入词、提示词、代码等，网上大部分用户也将其称为"咒语"。在 Firefly 中输入关键词的时候，尽量用英文，Firefly 对中文的识别率太低，出图效果不够精准，且品质不够高。

图 2-2　单击"生成"按钮（2）

步骤 **03** 执行操作后，Firefly 将根据关键词自动生成 4 张图片，如图 2-3 所示。

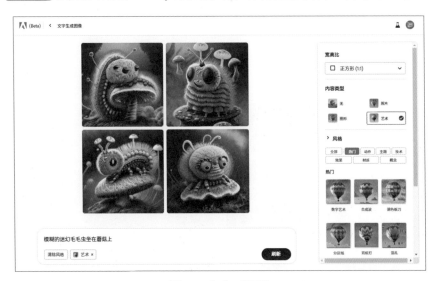

图 2-3　生成 4 张图片

★ 专 家 提 醒 ★

在 Firefly 中进行 AI 绘画时，需要用户注意的是，即使使用的是相同的关键词，Firefly 每次生成的图片效果也不一样。

步骤 04 单击相应的图片，即可预览大图效果，在图片右上角单击"下载"按钮 ⬇，如图2-4所示。

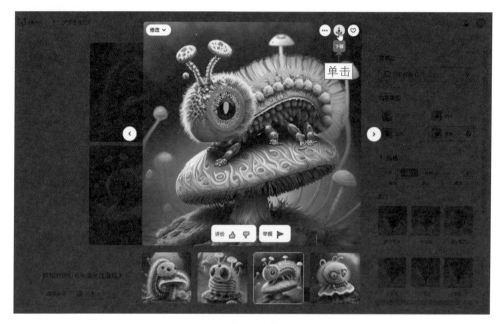

图 2-4　单击"下载"按钮

步骤 05 执行操作后，即可下载图片，用与上面相同的方法，下载第4张图片，效果如图2-5所示。

图 2-5　下载的图片

2.1.2　案例：使用社区作品生成巨型章鱼图

用户除了直接输入关键词来生成图像，也可以进入Firefly的"图库"中去寻找更多的创作灵感，具体操作方法如下。

步骤01 进入Adobe Firefly（Beta）主页，单击导航栏中的"图库"超链接，如图2-6所示。

图 2-6　单击"图库"超链接

步骤02 执行操作后，进入"图库"页面，在其中选择相应的作品，单击"尝试使用提示文字"按钮，如图2-7所示。

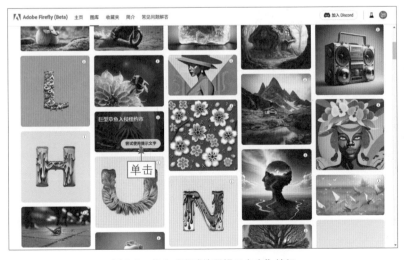

图 2-7　单击"尝试使用提示文字"按钮

19

步骤 03 执行操作后，即可使用"图库"中其他用户发布的作品关键词生成对应的图像，效果如图2-8所示。

图 2-8　生成对应的图像

步骤 04 如果用户对这一组图像不满意，此时单击页面下方的"刷新"按钮，可以重新生成类似的图像效果，如图2-9所示。

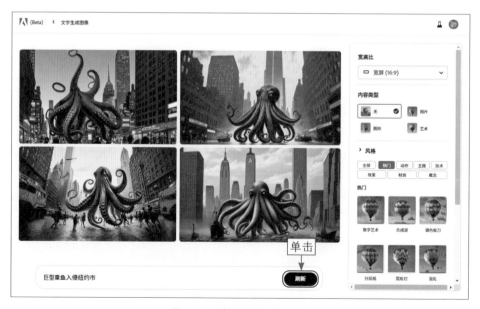

图 2-9　重新生成类似的图像

2.2　设置图像的宽高比

图像的宽高比指的是图像的宽度和高度之间的比例关系。宽高比可以对观看图像时的视觉感知和审美产生影响，不同的宽高比可以营造出不同的视觉效果和情感表达，大家可根据画面需要进行相应的设置。

Firefly预设了多种图像宽高比，如正方形（1∶1）比例、横向（4∶3）比例、纵向（3∶4）比例、宽屏（16∶9）比例等。用户生成相应的图像后，可以修改画面的纵横比，本节将介绍具体的操作方法。

2.2.1　案例：使用1∶1的比例调出正方形

在设计和艺术中经常使用正方形（1∶1）比例的图像，因为它们具有平衡、稳定和对称的视觉效果。无论是在平面设计、摄影还是网页设计中，正方形图像都可以用来创建吸引人的布局和组合。在Firefly中，系统默认生成的图像就是正方形（1∶1）的，下面介绍具体的操作方法。

扫码看教学视频

步骤 01 进入Adobe Firefly（Beta）主页，在"文字生成图像"选项区中单击"生成"按钮，进入"文字生成图像"页面，输入相应关键词内容，单击"生成"按钮，如图2-10所示。

图 2-10　单击"生成"按钮

步骤 02 执行操作后，Firefly将根据提示词自动生成4张图片，如图2-11所示。

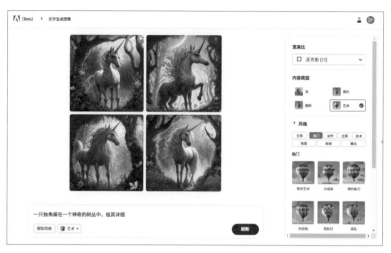

图 2-11　生成 4 张图片

步骤 **03** 此时生成的图片默认为正方形（1：1），效果如图2-12所示。

图 2-12　正方形（1：1）图片效果

2.2.2　案例：使用4：3的比例生成横向的画面

4：3是电视和计算机显示器的传统显示比例之一，在过去的很长一段时间里，大多数显示设备都采用4：3，因此4：3成了一种常见的标准比例。下面介绍将图片调为4：3的操作方法。

扫码看教学视频

步骤 **01** 进入"文字生成图像"页面，输入相应的关键词，单击"生成"按钮，Firefly将根据提示词自动生成4张图片，如图2-13所示。

图 2-13　生成 4 张图片

步骤 02 在页面右侧的"宽高比"选项区中，单击右侧的下拉按钮 ∨，在弹出的下拉列表中选择"横向（4 : 3）"选项，如图2-14所示。

图 2-14　选择"横向（4 : 3）"选项

★ 专家提醒 ★

尽管现代的显示设备越来越倾向于更宽屏的比例，如 16 : 9 或更宽的比例，但 4 : 3 仍然具有一定的应用领域和特殊的创作需求。

步骤 03 执行操作后，即可将图片宽高比调为4 : 3，效果如图2-15所示。

图 2-15　将图片宽高比调为 4：3

★ 专家提醒 ★

　　需要注意的是，通过 Firefly 生成的图片会自动添加水印，目前是无法直接去除的，后续的付费版本可能会提供去水印服务。

2.2.3　案例：使用3：4的比例生成垂直的画面

　　3：4是一种竖向的图片尺寸比例，表示图像的宽度与高度之间的比例关系为3：4。这种比例常用于需要强调垂直方向内容的情况，例如人像摄影、肖像画或纵向的艺术创作。下面介绍将图片宽高比调为3：4的操作方法。

扫码看教学视频

　　步骤01 进入"文字生成图像"页面，输入相应的关键词，单击"生成"按钮，Firefly将根据提示词自动生成4张图片，如图2-16所示。

图 2-16　生成 4 张图片

步骤 02 在页面右侧的"宽高比"选项区中，单击右侧的下拉按钮 ∨，在弹出的下拉列表中选择"纵向（3：4）"选项，如图2-17所示。

图 2-17 选择"纵向（3：4）"选项

★ 专家提醒 ★

由于 3：4 的图片比例更接近正方形，因此在打印图片时，这种比例可以更好地适应常见的纸张尺寸，使图片更容易与标准纸张匹配。

步骤 03 执行操作后，即可将图片调为3：4的尺寸，效果如图2-18所示。

图 2-18 将图片调为 3：4 的尺寸

★ 专家提醒 ★

　　3：4比例常用于人像摄影，因为它可以更好地捕捉和展示人物的身体比例和特征。相对于更宽屏的比例，3：4在人像摄影中可以更好地呈现垂直的身体线条和表情。在社交媒体平台上，3：4比例的图片可以在垂直显示的移动设备上更好地利用屏幕空间，使图片更好地适应垂直滚动浏览的体验。

2.2.4　案例：使用16：9的比例生成宽屏的画面

扫码看教学视频

　　16：9比例的图片具有较宽的水平视野，适合展示广阔的景观、城市风貌或宽广的场景，这种尺寸的图片在广告、电影、游戏和电视等媒体中应用广泛，能够提供沉浸式的视觉体验。下面介绍将图片宽高比调为16：9的操作方法。

　　步骤 01 进入"文字生成图像"页面，输入相应的关键词，单击"生成"按钮，Firefly将根据提示词自动生成4张图片，如图2-19所示。

图 2-19　生成 4 张图片

　　步骤 02 在页面右侧的"宽高比"选项区中，单击右侧的下拉按钮，在弹出的下拉列表框中选择"宽屏（16：9）"选项，如图2-20所示。

图 2-20　选择"宽屏（16∶9）"选项

★ 专 家 提 醒 ★

16∶9是高清电视和电影的标准显示比例，许多平板电视、计算机显示器和投影仪都采用16∶9这一比例，使其成为现代媒体消费和展示的常用尺寸，这种比例在视频制作和分享中非常方便，能够提供统一的观看体验。

步骤03 执行操作后，即可将图片宽高比调为16∶9，效果如图2-21所示。

图 2-21　将图片宽高比调为 16∶9

2.3 设置图像的内容类型

用户可以在Firefly中通过相关的关键词生成不同内容类型的图像效果，具体包括"无""照片""图形"以及"艺术"4种类型，本节针对这些图像类型向读者进行详细介绍。

2.3.1 案例：不使用模式生成图片

在Firefly中，"无"表示图片没有明确的内容类型，不将图片归类到其他特定类型中。下面介绍使用"无"模式生成图片的操作方法。

扫码看教学视频

步骤01 进入"文字生成图像"页面，输入相应的关键词，单击"生成"按钮，Firefly将根据关键词自动生成4张图片，如图2-22所示。

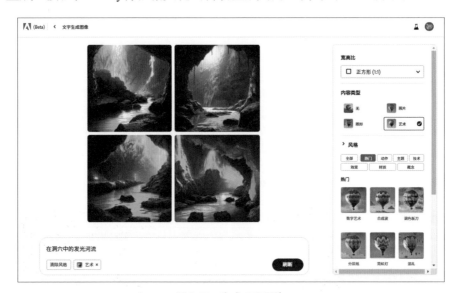

图 2-22 生成 4 张图片

步骤02 在页面右侧的"内容类型"选项区中，单击"无"按钮，如图2-23所示。

★ 专家提醒 ★

选择 None 模式可以为用户提供更大的灵活性和自由度，使 Firefly 能够自由地生成图片，而不受特定模式的限制。

步骤03 执行操作后，单击"刷新"按钮，重新生成4张图片，如图2-24所示。

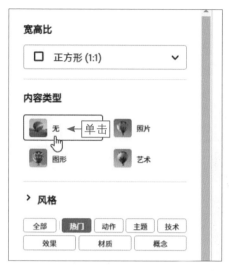

图 2-23　单击"无"按钮

图 2-24　生成的图片效果

2.3.2　案例：使用照片模式生成图片

扫码看教学视频

在Firefly中，使用照片模式可以模拟真实的照片风格，就像摄影师拍摄出来的照片效果一样，画面逼真，清晰度高。下面介绍使用照片模式生成图片的操作方法。

步骤01 进入"文字生成图像"页面，输入相应的关键词，单击"生成"按钮，Firefly将根据关键词自动生成4张图片，如图2-25所示。

图 2-25　生成 4 张图片

步骤 02 在页面右侧的"内容类型"选项区中，单击"照片"按钮，如图2-26所示。

图 2-26　单击"照片"按钮

步骤 03 执行操作后，即可以照片模式显示建筑图像，风格接近于真实的画面效果，如图2-27所示。

图 2-27　以照片模式显示建筑图像

2.3.3　案例：使用图形模式生成图片

扫码看教学视频

在Firefly中，图形模式是一种强调几何形状、线条和图案的风格。它通常追求简洁、抽象和艺术性，强调构图和视觉效果，下面介绍具体的操作方法。

步骤01 进入"文字生成图像"页面，输入相应的关键词，单击"生成"按钮，Firefly将根据关键词自动生成4张图片，如图2-28所示。

图 2-28　生成 4 张图片

步骤02 在页面右侧的"内容类型"选项区中，单击"图形"按钮，如图2-29所示。

图 2-29　单击"图形"按钮

步骤 **03** 执行操作后，即可以图形模式显示图片，突出图像中的形状和线条，营造出饱满、生动的视觉效果，如图2-30所示。

图 2-30　以图形模式显示图片

2.3.4　案例：使用艺术模式生成图片

扫码看教学视频

在 Firefly 中，艺术模式注重艺术表现和创意，追求独特的视觉效果和情感传递。它强调作者的主观表达和个人创作，常常用来突破传统绘画的限制，创造出富有艺术性的画作，下面介绍具体的操作方法。

步骤 **01** 进入"文字生成图像"页面，输入相应的关键词，单击"生成"按钮，Firefly 将根据关键词自动生成 4 张图片，系统默认是艺术风格，如图 2-31 所示。

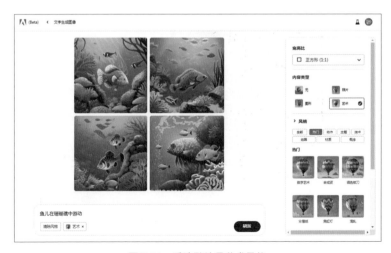

图 2-31　系统默认是艺术风格

步骤 02 在页面右侧的"宽高比"选项区中，单击右侧的下拉按钮，在弹出的下拉列表中选择"宽屏（16：9）"选项，即可将图片调为16：9的尺寸，如图2-32所示。

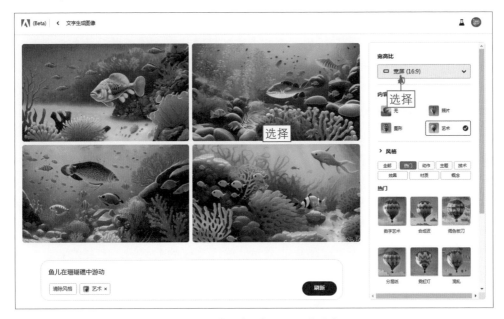

图 2-32　将图片调为 16：9 的尺寸

步骤 03 保存第1张和第3张图片，放大图片预览其效果，如图2-33所示。

图 2-33　放大图片预览其效果

★ 专家提醒 ★

　　艺术模式注重色彩和光影的运用，通过选择特定的色调、增强或抑制某些颜色，创造出视觉上引人注目的效果。同时，光影的运用也是艺术模式中的重要元素，可以营造出戏剧性、神秘或梦幻的氛围。

2.4 使用"热门"样式

Firefly中内置了大量的风格样式，如热门、动作、主题、技术、效果、材质以及概念等类型，灵活运用这些风格样式，设计师可以创造出与众不同的图像风格，展现自己的艺术眼光和思想，表达内心的情感状态，创造出触动人心、引发共鸣的作品。本节主要介绍"风格"样式中"热门"样式的使用技巧。

2.4.1 案例：使用数字艺术风格处理图片

扫码看教学视频

在Firefly中，运用"热门"样式中的"数字艺术"风格，可以对原始照片进行各种数字处理和合成操作，包括调整色调、对比度、亮度，添加滤镜效果，进行虚化处理或强调特定区域，以及进行图像合成、重组等，帮助用户创作出独特的作品。下面介绍使用"数字艺术"风格处理图片的方法。

步骤 **01** 进入"文字生成图像"页面，输入相应的关键词，单击"生成"按钮，Firefly将根据关键词自动生成4张图片，如图2-34所示。

图 2-34　生成 4 张图片

步骤 **02** 在页面右侧的"内容类型"选项区中，单击"照片"按钮；在"风格"选项区的"热门"选项卡中，选择"数字艺术"风格。此时，单击页面下方的"生成"按钮，即可重新生成"数字艺术"风格的图像，如图2-35所示。

图 2-35　重新生成"数字艺术"风格的图像

★ 专家提醒 ★

数字艺术风格通过各种艺术效果和滤镜，如水彩画效果、油画效果、素描效果、马赛克效果等，赋予照片独特的艺术质感和风格；也可以结合虚拟现实技术，通过数字投影、交互元素或虚拟场景的加入，创造出沉浸式的视觉体验和交互性的艺术作品。

步骤03 放大预览"数字艺术"风格的图像，效果如图2-36所示。

图 2-36　放大预览"数字艺术"风格的图像

2.4.2 案例：使用合成波风格处理图片

在Firefly中，"热门"样式中的"合成波"风格通常采用鲜艳、明亮的色彩，以模拟合成器音乐中的电子音调和声音效果。色彩的选择可以是对比强烈的高饱和度色彩，或者是带有霓虹灯效果的强烈色调，以创造出视觉上的冲击力。

扫码看教学视频

下面介绍使用"合成波"风格处理图片的操作方法。

步骤 01 进入"文字生成图像"页面，输入相应的关键词，单击"生成"按钮，Firefly将根据关键词自动生成4张图片，如图2-37所示。

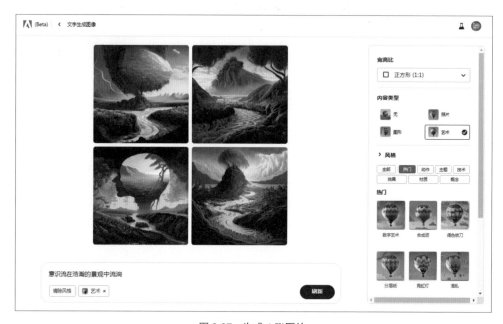

图 2-37 生成 4 张图片

步骤 02 在页面右侧的"内容类型"选项区中，单击"照片"按钮；在"风格"选项区的"热门"选项卡中，选择"合成波"风格。此时，单击页面下方的"生成"按钮，重新生成"合成波"风格的图像，效果如图2-38所示。

步骤 03 放大预览"合成波"风格的图像效果，画面颜色比较鲜艳、明亮，对比强烈，饱和度较高，如图2-39所示。为了模拟合成器音乐中的音波效果，合成波照片可以运用运动模糊和扭曲效果，使图像呈现出扭曲、模糊、涟漪或波纹的视觉效果，这样的处理可以增强图像的动态感和流动感，创造出视觉上的节奏感，表达出合成器音乐中的韵律感。

图 2-38　重新生成"合成波"风格的图像效果

图 2-39　放大预览"合成波"风格的图像

2.4.3　案例：使用调色板刀风格处理图片

扫码看教学视频

　　"调色板刀"是一种模仿艺术家使用调色板刀创作绘画作品的摄影风格，它追求纹理、厚重感和粗糙的视觉效果，通过模拟调色板刀在绘画时的刮、涂抹、刷和堆积等技法，创造出独特的图像质感。

　　下面介绍使用"调色板刀"风格处理图片的方法。

　　步骤01 进入"文字生成图像"页面，输入相应关键词，单击"生成"按钮，Firefly将根据关键词自动生成4张图片，如图2-40所示。

图 2-40　生成 4 张图片

★ 专家提醒 ★

下面介绍"调色板刀"图片风格的一些特点。

（1）纹理和厚重感："调色板刀"强调纹理和厚重感，通过使用调色刀或类似工具在照片中营造出粗糙、凹凸不平的纹理效果，给人一种立体、有质感的触感。

（2）色彩和色调："调色板刀"通常使用浓郁、饱和的色彩，强调色彩的丰富度和鲜明度，将不同的颜色层叠在一起，创造出独特的色彩混合效果。

（3）抽象性和表现性："调色板刀"常常倾向于抽象性和表现性的表达，通过模糊边界、突出纹理和色彩的运用，创造出具有艺术感和情感张力的图像。

（4）动感和能量："调色板刀"追求一种动感和能量的表现，创造出充满活力和运动感的图像效果，使图片更加生动、有趣，吸引观者的眼球。

步骤02 设置"宽高比"为"宽屏（16：9）"；在"风格"选项区的"热门"选项卡中，选择"调色板刀"风格。此时，单击页面下方的"生成"按钮，即可重新生成"调色板刀"风格的图像，效果如图2-41所示。

步骤03 放大预览"调色板刀"风格的图像效果，可以发现其具有纹理丰富、厚重感强烈的视觉效果，如图2-42所示。

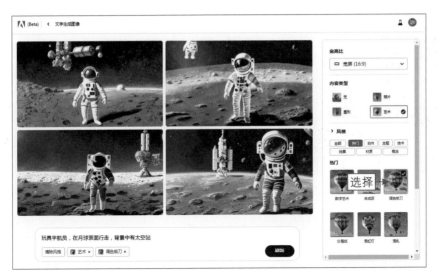

图 2-41 重新生成"调色板刀"风格的图像

图 2-42 放大预览"调色板刀"风格的图像效果

2.4.4 拓展：欣赏其他样式的图片风格

"热门"样式除了上面介绍的3种，还包括"分层纸""霓虹灯"和"混乱"这3种，下面进行简单介绍。

1. 分层纸样式

"分层纸"是一种以纸张叠加和剪贴为特点的图像风格，通过在绘图中运用纸张的叠加、剪贴和排列等技巧，创造出多层次、立体感和手工艺感强烈的图像效果。图2-43所示为原图与运用"分层纸"样式后的图片效果。

图 2-43　原图与运用"分层纸"样式后的图片效果

"分层纸"图片风格常常将多张纸张叠加在一起，每张纸张都代表着一个图像或元素。这些纸张可以是不同的颜色、纹理或透明度，通过层层叠加，形成复杂的图像构图和立体感，这种手工艺感可以使图片给人一种独特的温暖感和亲切感。

2. 霓虹灯样式

"霓虹灯"是一种以霓虹灯效果为特色的图片风格，以鲜艳、亮丽的色彩为特点，它通过模仿霓虹灯的亮度、色彩和光线效果，创造出夜间都市、绚丽夺目的视觉效果。这些色彩常常是红色、蓝色、绿色、黄色等霓虹灯常见的亮色，营造出令人眼花缭乱的视觉效果。图2-44所示为运用"霓虹灯"样式后的图片效果。

图 2-44　运用"霓虹灯"样式后的图片效果

"霓虹灯"风格的图片常常使用高对比度的明暗效果，突出霓虹灯光线的强烈和明亮，通过黑暗背景与鲜艳的霓虹灯色彩形成鲜明的对比，营造出强烈的夜间光影效果，这种风格常常用于城市夜生活、繁忙的街道和娱乐场所。

3. 混乱样式

"混乱"是一种以杂乱和随机元素为特点的图片风格，它追求在构图、元素排列和视觉效果上呈现出一种无序和不规则的感觉。图2-45所示为运用"混乱"样式后的图片效果。

图 2-45 运用"混乱"样式后的图片效果

下面介绍"混乱"图片风格的一些特点。

（1）非对称和不规则构图："混乱"风格通常采用非对称的构图方式，打破传统的对称和平衡，创造出错落有致的元素排列顺序，营造出一种混乱而有趣的视觉效果。

（2）多元素和复杂性："混乱"风格常常包含多个元素和复杂的场景，通过将多个不同的元素、物体或视觉细节引入图片中，营造出视觉上的混乱和丰富性。

（3）运动和动态感："混乱"风格常常强调运动和动态感，通常使用长曝光、快门拖尾或移动相机等技巧，捕捉元素的运动轨迹和模糊效果。这种运动感可以增加画面的动态性和混乱感。

2.5 用文字生成图像的典型案例

通过前面基础知识点的学习，大家对以文生图有了大概了解，本节主要讲解以文生图的相关典型案例，帮助大家更好地巩固本章所学的内容，创作出更多优质的AI作品。

2.5.1 典型案例：生成可爱的头像

扫码看教学视频

可爱的头像在许多应用场景中都非常受欢迎，特别是与年轻人、儿童和互联网文化相关的领域，具有很大的吸引力，它们能够增加亲近感、表达个性、增添趣味，并与目标受众建立情感连接。下面介绍在Firefly中生成可爱头像的方法。

步骤01 进入"文字生成图像"页面，输入相应关键词，单击"生成"按钮，Firefly将根据关键词自动生成4张可爱的头像，如图2-46所示。

图 2-46 生成 4 张可爱的头像

步骤02 在右侧"风格"选项区的"热门"选项卡中，选择"数字艺术"风格，单击"生成"按钮，重新生成"数字艺术"风格的头像效果，如图2-47所示。

图 2-47 重新生成"数字艺术"风格的头像效果

★ 专家提醒 ★

在 AI 绘画中，生成可爱头像的关键词有：可爱、卡通风格、大眼睛、粉嫩色调、动物元素、笑容、俏皮、娃娃脸等。

步骤03 单击相应图片，预览大图效果，在图片右上角单击"下载"按钮⤓，如图2-48所示。

步骤04 执行操作后，即可下载图片，预览生成的可爱头像，效果如图2-49所示。

图 2-48　单击"下载"按钮　　　　　图 2-49　预览生成的头像

2.5.2　典型案例：生成优美的风光作品

扫码看教学视频

风光作品在旅游推广中发挥着重要的作用，通过精美的摄影或绘画作品展示目的地的美景，可以吸引游客的注意，并促使他们前往探索，这对旅游业来说是一种有效的宣传手段。下面介绍在Firefly中生成优美的风光作品的方法。

步骤01 进入"文字生成图像"页面，输入相应关键词，单击"生成"按钮，Firefly将根据关键词自动生成4张风光图片，如图2-50所示。

步骤02 在页面右侧设置"内容类型"为"无"、"宽高比"为"宽屏（16：9）"，即可重新生成4张比例为16：9的风光图片，如图2-51所示。

步骤03 放大预览Firefly AI生成的风光作品，可以带给人们美的享受和视觉上的愉悦，效果如图2-52所示。

图 2-50 生成 4 张风光图片

图 2-51 重新生成 4 张风光图片

图 2-52 放大预览风光作品

在 AI 绘画中，生成优美风光作品的关键词有：日出、日落、山脉、湖泊、海滩、瀑布、花海、云彩、星空、极光、村庄、夜景。

2.5.3　典型案例：生成科幻风格的电影角色

扫码看教学视频

电影角色可以让观众对电影中的人物或动物有一个直观的印象。在Firefly中，可以生成各种不同类型的角色形象，包括外貌、服装、发型、面部表情等，可以给电影创作者带来参考或灵感，从而加快角色的设计。下面介绍在Firefly中生成科幻风格电影角色的方法。

步骤 01　进入"文字生成图像"页面，输入相应关键词，单击"生成"按钮，Firefly将根据关键词自动生成4张电影角色图片，如图2-53所示。

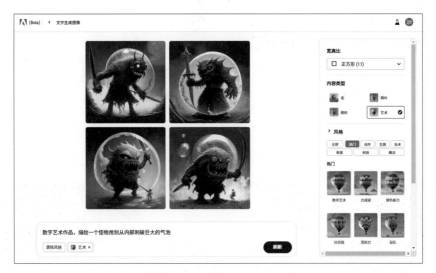

图 2-53　生成 4 张电影角色图片

在 Firefly 中使用 AI 模型生成电影角色时，用到的重点关键词分析如下。

（1）数字艺术：指使用数字技术创作的艺术形式，它包括数字绘画、数字摄影、数字雕塑等多种形式的创作。

（2）怪物：通常指虚构的、具有巨大体型和异常特征的生物，在电影、游戏和文学作品中常常出现，通常具有强大的力量和独特的外貌。

（3）剑：一种有长刃和柄的武器，通常用于刺击、劈砍或挥舞，被广泛应用于战斗和战争场合。

（4）刺破：指用尖锐的物体穿透或刺入另一物体，描述了怪兽使用剑刺破另一物体的动作，使生成的画面更加形象。

步骤02 在右侧设置"热门"为"混乱"、"宽高比"为"宽屏（16：9）"，即可重新生成4张电影角色图片，如图2-54所示。

图 2-54　重新生成 4 张电影角色图片

步骤03 放大预览Firefly AI生成的电影角色，效果如图2-55所示。

图 2-55　放大预览电影角色

★ 专家提醒 ★

在 AI 绘画中，生成科幻类电影角色的关键词有以下这些。

（1）服装装备：定义角色的服装和装备，例如特殊的服饰、护甲、武器等。

（2）物种 / 人种：确定角色是人类、外星人、机器人、异次元生物等。

（3）能力技能：描述角色的超能力，如超级力量、操控元素、心灵控制等。

（4）角色性格：描述他们的性格、动机和背景故事，如英雄、反派、复仇者。

（5）外貌特征：描述角色的外貌特征，如身高、体型、肤色、面部特征等。

（6）背景环境：角色所处的世界是未来、太空、异次元还是后启示录的废墟。

（7）科技元素：描述角色是否与高科技有关，他们可能使用未来科技、搭载装置或与人工智能互动。

2.5.4　典型案例：生成动画片卡通场景

扫码看教学视频

卡通场景提供了动画片中角色活动的背景环境，它们可以是城市街道、森林、山脉、海洋等各种自然或人工建造的地方。Firefly可以帮助动画制作团队设计出符合要求的卡通场景，通过输入相关的关键词或风格要求，AI生成的场景图像可以为动画制作人员提供新鲜的视觉刺激和想法，激发创造力，并启发他们设计出更加独特和引人注目的卡通场景。下面介绍在Firefly中生成动画片卡通场景的方法。

步骤01 进入"文字生成图像"页面，输入相应关键词，单击"生成"按钮，Firefly将根据关键词自动生成4张动画片卡通场景图片，如图2-56所示。

图 2-56　生成 4 张动画片卡通场景图片

步骤 02 在右侧设置"热门"为"数字艺术"、"内容类型"为"图形"、"宽高比"为"宽屏（16∶9）"，即可重新生成4张动画片卡通场景图片，如图2-57所示。

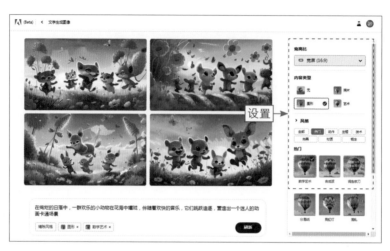

图 2-57　重新生成 4 张动画片卡通场景图片

步骤 03 放大预览Firefly AI生成的动画片卡通场景图片，效果如图2-58所示。

图 2-58　放大预览动画片卡通场景图片

★ 专家提醒 ★

在 AI 绘画中，生成动画片卡通场景的关键词有：太阳（Sun）、天空（Sky）、自然（Nature）、城市（City）、海洋（Ocean）、森林（Forest）、花园（Garden）、山脉（Mountains）、岛屿（Islands）、动物（Animals）、怪物（Monsters）、仙女（Fairies）、神话生物（Mythical creatures）、恐龙（Dinosaurs）、跳跃（Jumping）、奔跑（Running）、飞行（Flying）。

2.5.5　典型案例：生成插画风格的图像

　　插画广泛应用于书籍、杂志、报纸等印刷品中，通过插画来讲述故事或传达信息，可以帮助读者更好地理解故事情节，增强文章或内容的可读性，并为读者提供更丰富的视觉体验。下面介绍在Firefly中生成插画风格图像的方法。

　　步骤01 进入"文字生成图像"页面，输入相应关键词，单击"生成"按钮，Firefly将根据关键词自动生成4张插画图片，如图2-59所示。

图 2-59　生成 4 张插画图片

　　步骤02 在右侧设置"内容类型"为"图形"、"宽高比"为"宽屏（16：9）"，即可重新生成4张插画图片，如图2-60所示。

图 2-60　重新生成 4 张插画图片

步骤 03 放大预览Firefly AI生成的插画图片——在黄昏的海滩上，有一对情侣手牵手走过，画面十分唯美浪漫，效果如图2-61所示。

图 2-61　放大预览插画图片

★ 专家提醒 ★

在 AI 绘画中，生成插画作品的关键词有：插画（Illustration）、风格（Style）、卡通（Cartoon）、水彩（Watercolor）、扁平设计（Flat design）、手绘（Hand-drawn）、油画（Oil painting）、简约（Minimalist）、动物（Animals）。

本章小结

本章主要介绍了以文生图的各种常用操作，首先介绍了通过关键词描述生成图像的方法，然后介绍了设置图像宽高比与图像内容类型的方法，接下来介绍了使用"热门"样式制作图片的方法，最后通过5个典型案例详细讲解生成图像的具体操作，帮助读者达到灵活运用的目的。通过对本章的学习，读者能够更好地使用Firefly绘制出满意的AI作品。

课后习题

　　鉴于本章知识的重要性，为了帮助读者更好地掌握所学知识，本节将通过上机习题，帮助读者进行简单的知识回顾和补充。

　　本习题需要掌握通过关键词描述生成图像的操作方法，并将图像调比例为3：4，效果如图2-62所示。

图 2-62　通过关键词描述生成图像

第3章 以文生图：用文字生成图像（下）

上一章向读者讲解了以文生图的方法，以及设置图像宽高比、设置图像类型以及使用"热门"样式生成图片的方法，在本章中继续向读者讲解多种图片样式的应用技巧，如"动作"样式、"主题"样式以及"效果"样式等，最后安排了多个典型案例供读者学习参考。

3.1 使用"动作"样式

Firefly中内置了多种"动作"样式，如蒸汽朋克、蒸气波、科幻、迷幻以及幻想等类型，在图片上使用相应的动作样式，可以创造出独特的图像质感。本节主要介绍动作样式的应用技巧。

3.1.1 案例：使用蒸汽朋克特效处理图片

扫码看教学视频

"蒸汽朋克"是一种融合了19世纪工业化和蒸汽动力元素的奇幻科幻风格，它将维多利亚时代的复古风格与蒸汽动力、机械装置、未来科技的想象结合在一起。下面介绍使用"蒸汽朋克"特效处理图片的操作方法。

步骤01 进入"文字生成图像"页面，输入相应关键词，单击"生成"按钮，Firefly将根据关键词自动生成4张图片，如图3-1所示。

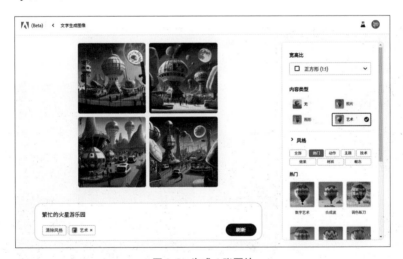

图 3-1 生成 4 张图片

步骤02 在页面右侧的"内容类型"选项区中，单击"照片"按钮；在"风格"选项区的"动作"选项卡中，选择"蒸汽朋克"风格。此时，单击页面下方的"生成"按钮，如图3-2所示。

★ 专家提醒 ★

应用了"蒸汽朋克"样式的图片，模拟了19世纪工业化时代的氛围，包括黄铜、铆钉、齿轮、螺丝等，给人一种复古而神秘的感觉。

图 3-2　单击"生成"按钮

步骤 03 重新生成"蒸汽朋克"风格的图片，放大预览"蒸汽朋克"风格的图片效果，具有复古韵味的视觉元素，效果如图3-3所示。

图 3-3　放大预览蒸汽朋克风格的图片

3.1.2　案例：使用蒸汽波特效处理图片

"蒸汽波"是一种以复古、迷幻和未来主义元素为特点的艺术风格，它起源于音乐流派，并逐渐扩展到视觉艺术中。"蒸汽波"风格通常以20世纪80年代和90年代的视觉元素为基础，结合了强烈的色彩、模糊效果和超现实的场景。下面介绍使用"蒸汽波"特效处理图片的操作方法。

扫码看教学视频

步骤 01 进入"文字生成图像"页面，输入相应关键词，单击"生成"按钮，Firefly将根据关键词自动生成4张图片，如图3-4所示。

图 3-4　生成 4 张图片

步骤 02 在"风格"选项区的"动作"选项卡中，选择"蒸汽波"风格，然后设置"宽高比"为"宽屏（16∶9）"，即可重新生成"蒸汽波"风格的图片，效果如图3-5所示。

图 3-5　重新生成"蒸汽波"风格的图片

步骤 03 放大预览"蒸汽波"风格的图片，图片中使用了鲜艳、夸张和高度饱和的色彩，营造出了迷幻和梦幻般的视觉效果，如图3-6所示。

图 3-6 放大预览"蒸汽波"风格的图片

3.1.3 案例：使用科幻风格特效处理图片

"科幻"是一种以未来科技、外太空、虚构世界和奇幻元素为
主题的图片风格，应用了光线效果、火焰、能量场、镜像、合成等特
效，使照片显得夸张、引人注目和与众不同。下面介绍使用"科幻"
特效处理图片的操作方法。

扫码看教学视频

步骤 01 进入"文字生成图像"页面，输入相应关键词，单击"生成"按
钮，Firefly将根据关键词自动生成4张图片，如图3-7所示。

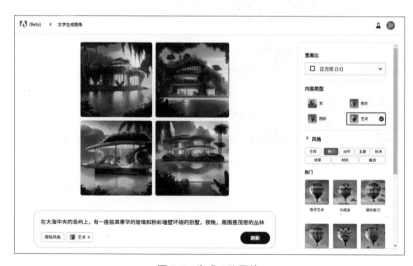

图 3-7 生成 4 张图片

步骤 02 在"风格"选项区的"动作"选项卡中，选择"科幻"风格，然后设置"宽高比"为"宽屏（16：9）"，即可重新生成图片，效果如图3-8所示。

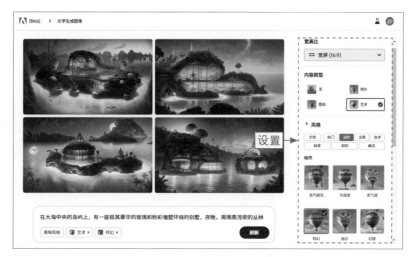

图 3-8　重新生成"科幻"风格的图片

步骤 03 放大预览"科幻"风格的图片，在图片中生成了超自然的建筑形象，增强了照片的科幻感，如图3-9所示。

图 3-9　放大预览"科幻"风格的图片

★ 专家提醒 ★

"科幻"风格经常用于生成奇幻的场景和构图效果，通过运用透视、对称、尺度变换等技巧，创造出宏大、神秘和超现实的画面。

3.2 使用"主题"样式

Firefly中内置了多种"主题"样式，如概念艺术、像素艺术、矢量外观、3D艺术、图章、数字艺术以及几何等类型，选择相应的图片类型可以制作出不同的主题效果。本节主要介绍"主题"样式的应用技巧。

3.2.1 案例：使用概念艺术样式处理图片

扫码看教学视频

"概念艺术"是一种专门用于表达创意和概念的艺术风格，强调创意和想象力，常用于电影、游戏、动画等的创作。下面介绍使用"概念艺术"样式处理图片的操作方法。

步骤 01 进入"文字生成图像"页面，输入相应关键词，单击"生成"按钮，Firefly将根据关键词自动生成4张图片，如图3-10所示。

图 3-10 生成 4 张图片

步骤 02 在"风格"选项区的"主题"选项卡中，选择"概念艺术"风格，然后设置"内容类型"为"照片"、"宽高比"为"宽屏（16：9）"，即可重新生成"概念艺术"风格的图片，效果如图3-11所示。

★ 专家提醒 ★

"概念艺术"风格通常运用丰富的色彩和光影效果来增强画面的视觉效果，包括明亮鲜艳的色彩、对比强烈的光影，以及独特的光线效果和氛围。

图 3-11　重新生成"概念艺术"风格的图片

步骤 03 放大预览"概念艺术"风格的图片，图片中独特的场景以及丰富的光影和色彩，具有独特的视觉吸引力，如图3-12所示。

图 3-12　放大预览"概念艺术"风格的图片

3.2.2　案例：使用像素艺术样式处理图片

"像素艺术"使用了小方块像素作为构建图像的基本单位，每个像素都代表着图像的一小部分，通过排列和着色这些像素，形成一幅完整的图像，这种像素化的风格赋予了作品独特的视觉特征。下面介绍使用"像素艺术"样式处理图片的方法。

扫码看教学视频

59

步骤 01 进入"文字生成图像"页面，输入相应关键词，单击"生成"按钮，Firefly将根据关键词自动生成4张图片，如图3-13所示。

图 3-13　生成 4 张图片

步骤 02 在"风格"选项区的"主题"选项卡中，选择"像素艺术"风格，然后设置"宽高比"为"宽屏（16∶9）"，即可重新生成图片，效果如图3-14所示。

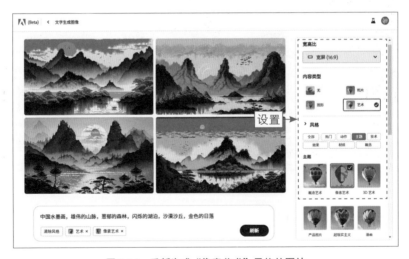

图 3-14　重新生成"像素艺术"风格的图片

★ 专家提醒 ★

"像素艺术"采用简化的图像表达方式，以达到最佳的像素化效果。由于像素的限制，细节和精确度有时会被简化或省略，使得图像更具象征性和表现力。

步骤 03 放大预览"像素艺术"风格的图片，可以发现图片中使用了有限的色彩调色板，限制色彩数量营造出了像素化的感觉，如图3-15所示。

图 3-15　放大预览"像素艺术"风格的图片

3.2.3　案例：使用矢量外观样式处理图片

"矢量外观"通常使用清晰的线条和简化的几何形状来构建图像，它基于矢量图形的特点和风格，创造出一种平滑、清晰、可伸缩的视觉效果。下面介绍使用"矢量外观"样式处理图片的操作方法。

扫码看教学视频

步骤 01 进入"文字生成图像"页面，输入相应关键词，单击"生成"按钮，Firefly将根据关键词自动生成4张图片，如图3-16所示。

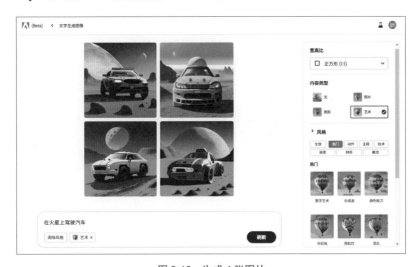

图 3-16　生成 4 张图片

步骤 02 在 "风格" 选项区的 "主题" 选项卡中，选择 "矢量外观" 风格，然后设置 "宽高比" 为 "宽屏（16：9）"，即可重新生成图片，效果如图3-17所示。

图 3-17　重新生成 "矢量外观" 风格的图片

步骤 03 放大预览 "矢量外观" 风格的图片，画面呈现出简约、清晰的设计风格，如图3-18所示。

图 3-18　放大预览 "矢量外观" 风格的图片

★ 专家提醒 ★

"矢量外观" 的图片风格通常采用扁平化的设计元素，画面中不会使用过多的阴影、渐变和纹理效果，而是更注重简化、明确和图形的纯粹性。

3.3 使用"效果"样式

Firefly中内置了多种"效果"样式，如散景效果、鱼眼、迷雾、老照片、黑暗以及生物发光等，选择相应的样式可以制作出与众不同的图片效果。本节主要介绍"效果"样式的应用技巧。

3.3.1 案例：使用散景效果营造梦幻氛围

扫码看教学视频

"散景效果"是一种常见的摄影技术，用于在图像中创造出背景模糊和光斑效果，虚化背景可以使主体更加突出，并营造出一种柔和、梦幻的氛围。运用"散景效果"可以在画面中营造虚化的场景，具体操作步骤如下。

步骤01 进入"文字生成图像"页面，输入相应关键词，单击"生成"按钮，Firefly将根据关键词自动生成4张图片，如图3-19所示。

图 3-19 生成 4 张图片

步骤02 在"风格"选项区的"效果"选项卡中，选择"散景效果"样式，然后设置"内容类型"为"照片"、"宽高比"为"宽屏（16：9）"，即可重新生成"散景效果"的图片，效果如图3-20所示。

★ 专家提醒 ★

由于虚化效果的存在，应用"散景效果"样式的图片通常具有柔和、梦幻的特点，背景模糊和光斑的组合营造出一种模糊的视觉效果，给人一种浪漫、梦幻的视觉感受。

图 3-20　重新生成"散景效果"风格的图片

步骤 03 放大预览"散景效果"风格的图片，可以看到照片的四周呈现出了虚化的效果，前景与背景都变得模糊了，如图3-21所示。

图 3-21　放大预览"散景效果"的图片

3.3.2　案例：使用老照片调出怀旧感

"老照片"风格会模仿照片在岁月中的自然老化过程，包括模糊、划痕、斑点和褪色等效果，以营造出年代久远的效果。下面介绍使用"老照片"效果调出怀旧感的操作方法。

扫码看教学视频

步骤01 进入"文字生成图像"页面，输入相应关键词，单击"生成"按钮，Firefly将根据关键词自动生成4张图片，如图3-22所示。

图 3-22 生成 4 张图片

步骤02 在"风格"选项区的"效果"选项卡中，选择"老照片"效果，然后设置"内容类型"为"照片"、"宽高比"为"宽屏（16：9）"，即可重新生成"老照片"风格的图片，效果如图3-23所示。

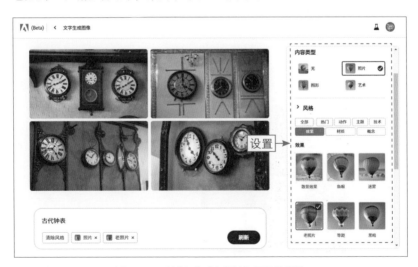

图 3-23 重新生成"老照片"风格的图片

步骤03 放大预览"老照片"风格的图片，可以看到这种老化效果给照片带来了一种独特的韵味和历史感，如图3-24所示。

图 3-24 放大预览"老照片"风格的图片

3.3.3 案例：使用黑暗风格制作恐怖电影画面

"黑暗"风格的照片通常具有较高的对比度，即明暗之间的差异非常明显，黑暗的部分会更加深沉，而明亮的部分则会更加鲜明。下面介绍使用"黑暗"效果制作恐怖电影画面的操作方法。

扫码看教学视频

步骤 01 进入"文字生成图像"页面，输入相应关键词，单击"生成"按钮，Firefly将根据关键词自动生成4张图片，如图3-25所示。

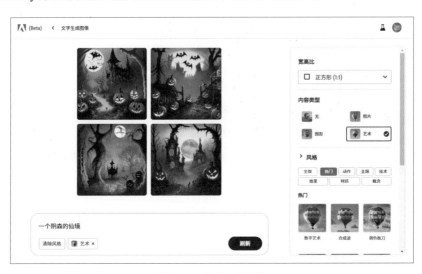

图 3-25 生成 4 张图片

步骤02 在"风格"选项区的"效果"选项卡中，选择"黑暗"风格，然后设置"内容类型"为"无"、"宽高比"为"宽屏（16∶9）"，即可重新生成"黑暗"风格的图片，效果如图3-26所示。

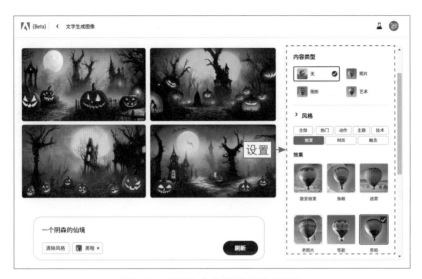

图 3-26 重新生成"黑暗"风格的图片

步骤03 放大预览"黑暗"风格的图片效果，可以看到画面中被营造出了一种冷峻、险恶的氛围，有点像恐怖电影的场景，如图3-27所示。这种风格的照片通常使用较暗的色调，如深蓝、棕色、灰色或黑色，以营造一种阴暗、神秘或沉静的氛围。

图 3-27 放大预览"黑暗"风格的图片

3.4 使用"颜色和色调"样式

Firefly中内置了多种"颜色和色调"样式，如黑白、素雅颜色、暖色调以及冷色调等，选择相应的样式可以调出不同的画面色彩与色调。本节主要介绍"颜色和色调"样式的应用技巧。

3.4.1 案例：使用黑白色处理建筑风光

黑白色调是指在图片中仅使用黑色和白色两种颜色，而没有使用彩色，这种风格也被称为单色或灰度风格。下面介绍使用黑白色调处理建筑风光图片的操作方法。

扫码看教学视频

步骤 01 进入"文字生成图像"页面，输入相应关键词，单击"生成"按钮，Firefly将根据关键词自动生成4张图片，如图3-28所示。

图 3-28 生成 4 张图片

步骤 02 在右侧的"颜色和色调"列表框中，选择"黑白"选项，然后设置"内容类型"为"无"、"宽高比"为"宽屏（16：9）"，即可重新生成黑白色调的图片，效果如图3-29所示。

步骤 03 放大预览黑白色调的图片，可以看到画面中由于没有彩色分散注意力，使观众专注于图像的构图，而不会被色彩所吸引，如图3-30所示。黑白色调特别适合风景、人物肖像以及建筑等主题的图片。

图 3-29　重新生成黑白色调的图片

图 3-30　放大预览黑白色调的图片

3.4.2　案例：使用暖色调处理海边日落

扫码看教学视频

　　"暖色调" 风格的图片是指图片中的色调偏向于温暖的色彩，如红色、橙色或黄色等，这种风格通常能够让画面给人一种温暖、柔和、亲切的感觉。下面介绍使用"暖色调"风格处理海边日落图片的操作方法。

　　步骤 01 进入"文字生成图像"页面，输入相应关键词，单击"生成"按

69

钮，Firefly将根据关键词自动生成4张图片，如图3-31所示。

图 3-31　生成 4 张图片

步骤02 在右侧的"颜色和色调"列表框中，选择"暖色调"选项，然后
设置"内容类型"为"无"、"宽高比"为"宽屏（16：9）"，即可重新生成
"暖色调"风格的图片，效果如图3-32所示。

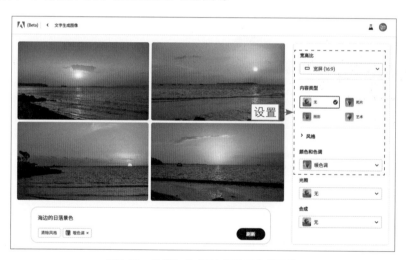

图 3-32　重新生成"暖色调"风格的图片

★ 专家提醒 ★

　　应用"暖色调"风格的画面通常具有较高的色温，即色彩呈现出暖色调，色彩
的暖度使得图像看起来更加柔和，营造出一种温馨、浪漫或愉悦的氛围，使观众感
到舒适和满足。

步骤 03 放大预览"暖色调"风格的图片，可以看出海边的日落风光整体偏暖色调，这些色彩能够给照片带来一种热烈、温暖的视觉效果，如图3-33所示。

图 3-33 放大预览"暖色调"风格的图片

3.4.3 案例：使用冷色调处理高山湖泊

扫码看教学视频

"冷色调"风格的图片是指图片中的色调偏向于冷色调色彩，如蓝色、绿色、紫色等，这种风格通常能够让图像给人一种冷静、神秘或冷峻的感觉。下面介绍使用"冷色调"风格处理高山湖泊图片的操作方法。

步骤 01 进入"文字生成图像"页面，输入相应关键词，单击"生成"按钮，Firefly将根据关键词自动生成4张图片，如图3-34所示。

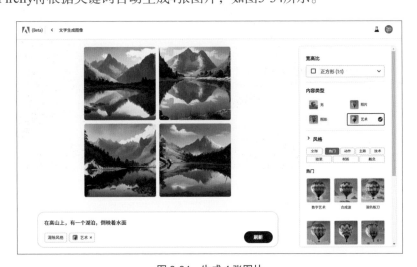

图 3-34 生成 4 张图片

71

步骤 02 在右侧的"颜色和色调"列表框中，选择"冷色调"选项，然后设置"内容类型"为"无"、"宽高比"为"宽屏（16∶9）"，即可重新生成"冷色调"风格的图片，效果如图3-35所示。

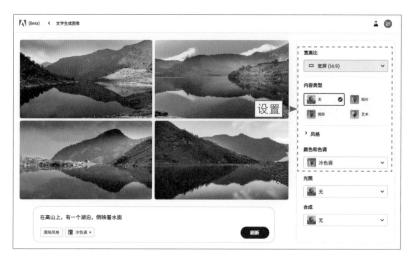

图 3-35　重新生成"冷色调"风格的图片

步骤 03 放大预览"冷色调"风格的图片，可以看出画面具有较低的色温，整体偏冷蓝色调，具有一种冷静、神秘的氛围，如图3-36所示。

图 3-36　放大预览"冷色调"风格的图片

★ 专家提醒 ★

冷色调具有较高的对比度，即明暗之间的差异非常明显，这种对比度能够增强冷色调的效果，使画面看起来更加锐利和清晰。

3.5 使用"光照"样式

"光照"在图像中发挥着关键的作用，可以影响图像的氛围、情绪和视觉效果。Firefly中内置了多种"光照"样式，如逆光、戏剧灯光、黄金时段、演播室灯光以及低光照等类型，选择相应的"光照"样式可以调出不同的画面氛围。本节主要介绍"光照"样式的应用技巧。

3.5.1 案例：使用逆光效果处理海边照片

扫码看教学视频

逆光是指光线从被拍摄对象的背后照射而来的一种照明，会使被拍摄对象的轮廓和边缘更加明显。光线透过或绕过被拍摄对象后，形成明亮的轮廓，使其与背景产生明显的对比，营造出戏剧性的效果。在Firefly中，运用"逆光"样式可以为图片添加逆光效果，具体操作步骤如下。

步骤01 进入"文字生成图像"页面，输入相应关键词，单击"生成"按钮，Firefly将根据关键词自动生成4张图片，如图3-37所示。

图 3-37　生成 4 张图片

步骤02 在右侧的"光照"列表框中，选择"逆光"选项，然后设置"内容类型"为"无"、"宽高比"为"宽屏（16：9）"，即可重新生成逆光的图片，效果如图3-38所示。

步骤03 放大预览逆光的图片，可以看出被拍摄对象与背景之间形成了非常明显的明暗对比，以此来增加图像的层次感，如图3-39所示。

图 3-38　重新生成逆光的图片

图 3-39　放大预览逆光的图片

3.5.2　案例：使用黄金时段处理油菜花海

扫码看教学视频

　　黄金时段是指在日出或日落前后的短暂时间段，这段时间内的光线比较柔和、温暖，且呈现出金黄色的效果。在Firefly中，运用"黄金时段"样式可以为图片添加黄金时段的特殊光线，具体操作步骤如下。

　　步骤 01 进入"文字生成图像"页面，输入相应关键词，单击"生成"按钮，Firefly将根据关键词自动生成4张图片，如图3-40所示。

图 3-40　生成 4 张图片

步骤 02 在右侧的"光照"下拉列表中，选择"黄金时段"选项，然后设置"内容类型"为"无"、"宽高比"为"宽屏（16∶9）"，即可重新生成带有黄金时段光线的图片，效果如图3-41所示。

图 3-41　重新生成带有黄金时段光线的图片

★ 专家提醒 ★

黄金时段的光线是经过大气层散射和折射后的柔和光线，没有强烈的阴影和高对比度，这种柔和的照明可以让画面看起来更加温暖、柔美、令人愉悦。

步骤 03 放大预览带有黄金时段光线的图片，可以看出画面中的光线带来了一种温馨、浪漫和梦幻的氛围，如图3-42所示。

图 3-42　放大预览带有黄金时段光线的图片

3.6 使用"合成"样式

"合成"样式中包含了多种构图风格，构图可以影响图像的视觉吸引力、表达力和传达的信息，良好的构图可以引导观众的目光，将他们的注意力集中在图像中的关键元素上。Firefly中内置了多种"合成"样式，如特写、广角、浅景深、仰拍以及微距摄影等类型，选择相应的"合成"样式可以为画面带来不同的视觉效果。本节主要介绍"合成"样式的应用技巧。

3.6.1　案例：使用特写镜头生成玫瑰花蕊

特写是指将拍摄的焦点放在近距离的被拍摄对象上，突出显示对象的细节和特定元素的拍摄技术。在Firefly中，运用"特写"样式可以使图片产生特写的镜头效果，显示物体的细微特征和表面细节，使观众能够更清晰地观察和欣赏主体对象。下面介绍使用特写镜头生成玫瑰花蕊的操作方法。

扫码看教学视频

步骤 01 进入"文字生成图像"页面，输入相应关键词，单击"生成"按钮，Firefly将根据关键词自动生成4张图片，如图3-43所示。

图 3-43　生成 4 张图片

步骤 02 在右侧的"合成"下拉列表中，选择"特写"选项，然后设置"内容类型"为"无"、"宽高比"为"宽屏（16 : 9）"，即可重新生成特写镜头的图片，效果如图 3-44 所示。

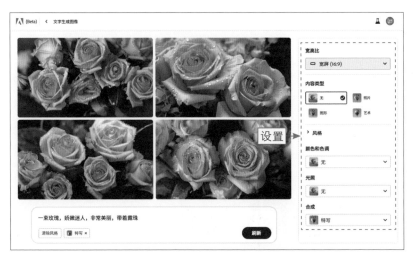

图 3-44　重新生成特写镜头的图片

★ 专家提醒 ★

特写镜头可以营造出一种近距离观察和亲密感的体验，观众通过特写镜头可以感受到与被拍摄对象之间的亲近，仿佛能够身临其境地观察对象的细节。使用特写镜头可以在图像中突出显示细节、增强情感、强调主题、探索艺术性以及营造亲密感，从而为观众提供更加深入和个性化的视觉体验。

步骤 03 放大预览特写镜头的图片，可以看到画面焦点集中在玫瑰花蕊上，显示了玫瑰花的细微特征和表面细节，如图3-45所示。

图 3-45　放大预览特写镜头的图片

3.6.2　案例：使用广角镜头生成建筑风光

扫码看教学视频

广角镜头是指焦距较短的镜头，通常小于标准镜头，可以拍摄出广阔的视野和大量的环境元素，能够让照片更具震撼力和视觉冲击力。在Firefly中，运用"广角"样式可以使图片产生广角镜头效果，下面介绍具体操作方法。

步骤 01 进入"文字生成图像"页面，输入相应关键词，单击"生成"按钮，Firefly将根据关键词自动生成4张图片，如图3-46所示。

图 3-46　生成 4 张图片

步骤02 在右侧的"合成"下拉列表中，选择"广角"选项，然后设置"内容类型"为"无"、"宽高比"为"宽屏（16：9）"，即可重新生成广角镜头效果的图片，如图3-47所示。

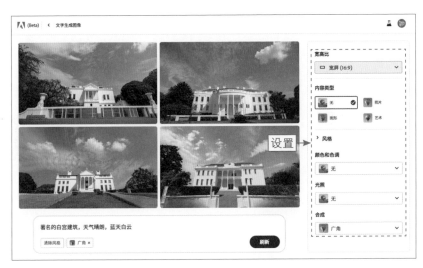

图 3-47　重新生成广角镜头的图片

步骤03 放大预览广角镜头效果的图片，可以看到画面中显示了更多的环境，近距离拍摄使两侧过道显得较大，而远景建筑相对较小，创造出了一种与众不同的透视感，如图3-48所示。

图 3-48　放大预览广角镜头效果的图片

3.7 应用图像特效的典型案例

在本章前面的内容中详细讲解了多种图像样式的运用技巧，如"动作"样式、"主题"样式以及"效果"样式等，灵活运用这些样式，可以制作出特殊的画面效果。本节以案例的方式进行讲解，帮助大家更好地运用这些样式，希望大家学完以后可以举一反三，制作出更多漂亮的AI绘画作品。

3.7.1 典型案例：生成卡通二次元图像

卡通二次元是指以日本动漫和漫画为代表的艺术形式，通常具有夸张的大眼睛、丰富的表情以及鲜艳的色彩。卡通二次元图像是动画影片的核心元素，它们被用于制作各种类型的动画片，包括电视系列、电影、网络动画以及短片等。

扫码看教学视频

卡通二次元图像还可以应用于商品设计，包括玩具、文具、服装、饰品和周边产品等，它们为产品增添了个性和独特性，吸引了粉丝和消费者的关注。下面介绍在Firefly中生成卡通二次元图像的方法。

步骤 01 进入"文字生成图像"页面，输入相应关键词，单击"生成"按钮，Firefly将根据关键词自动生成4张卡通二次元图像，如图3-49所示。

图 3-49　自动生成 4 张卡通二次元图像

步骤 02 在右侧设置"动作"为"科幻"、"内容类型"为"艺术"、"宽高比"为"纵向（3：4）"，重新生成卡通二次元图像，效果如图3-50所示。

图 3-50　重新生成卡通二次元图像

步骤 03 放大预览Firefly AI生成的卡通二次元图像，效果如图3-51所示。

图 3-51　放大预览卡通二次元的图像

★ 专家提醒 ★

在 AI 绘画中，生成卡通二次元图像的关键词有：开心（Happy）、悲伤（Sad）、惊讶（Surprised）、生气（Angry）、长发（Long hair）、短发（Short hair）、大眼睛（Big eyes）、闪亮眼神（Sparkling eyes）、校服（School uniform）、鲜艳的色彩（Vibrant colors）、魔法元素（Magical Elements）等。

3.7.2 典型案例：生成拟人化的动物图片

拟人化的动物指的是给动物赋予人类的特征和行为，创造出具有人性化形象的角色，在漫画和动画中经常出现，它们可以成为主角或配角，通过人性化的特征吸引观众，并传达情感和价值观。下面介绍在Firefly中生成拟人化动物图片的方法。

步骤 01 进入"文字生成图像"页面，输入相应关键词，单击"生成"按钮，Firefly将根据关键词自动生成4张拟人化的动物图片，如图3-52所示。

图 3-52 自动生成 4 张拟人化的动物图片

步骤 02 在"风格"选项区的"主题"选项卡中，选择"3D艺术"风格，如图3-53所示，将拟人化的动物设置为3D艺术样式，更具立体感。

步骤 03 在"颜色和色调"下拉列表中，选择"素雅颜色"选项，如图3-54所示，将画面调为素雅的颜色样式。

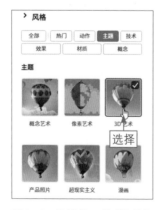

图 3-53 选择"3D 艺术"风格

图 3-54 选择"素雅颜色"选项

★ 专家提醒 ★

　　拟人化的动物在儿童媒体和教育中扮演着重要的角色，它们可以用来教授儿童价值观、道德和生活技能，通过可爱的形象和故事引导儿童学习和成长。

　　步骤04 单击"生成"按钮，重新生成动物图片，放大预览Firefly AI生成的拟人化动物图片，效果如图3-55所示。

图 3-55　放大预览拟人化的动物图片

★ 专家提醒 ★

　　在AI绘画中，生成拟人化动物的关键词有以下几种。

　　（1）动物种类：如狐狸（Fox）、熊（Bear）、猫（Cat）、狗（Dog）等。

　　（2）人性化特征：如站立姿势（Standing pose）、表情丰富（Expressive facial expressions）、人类服装（Human clothing）等。

　　（3）性格特点：如友善（Friendly）、机智（Witty）、调皮（Mischievous）等。

　　（4）装饰品：如眼镜（Glasses）、帽子（Hat）、项链（Necklace）等。

　　（5）职业身份：如医生（Doctor）、教师（Teacher）、探险家（Explorer）等。

　　（6）兴趣爱好：如音乐（Music）、绘画（Painting）、运动（Sports）等。

3.7.3　典型案例：生成企业产品广告图片

　　产品广告图片在营销和宣传中起着关键的作用，能够吸引观众的注意力并引起他们的兴趣，广告图片中的元素和色彩可以传达产品的特点、功能和优势，让观众迅速了解产品。下面介绍在Firefly中生成企业产品广告图片的方法。

扫码看教学视频

步骤01 进入"文字生成图像"页面，输入相应关键词，单击"生成"按钮，Firefly将根据关键词自动生成4张高跟鞋的产品图片，如图3-56所示。

图 3-56　自动生成 4 张高跟鞋的产品图片

步骤02 在"风格"选项区的"主题"选项卡中，选择"产品照片"风格，使生成的鞋子更加清晰地展示在观众眼前，然后设置"内容类型"为"无"、"宽高比"为"宽屏"，重新生成鞋子图片，效果如图3-57所示。

图 3-57　重新生成鞋子图片

步骤03 放大预览Firefly AI生成的鞋子产品图片，可以看到鞋子的外观质感很不错，简洁的背景和干净的构图能够使观众专注于产品，效果如图3-58所示。

图 3-58　放大预览鞋子产品图片

★ 专家提醒 ★

在 AI 绘画中，生成产品广告图片的关键词有以下几种。

（1）产品特点：如高品质（High quality）、创新设计（Innovative design）等。

（2）产品用途：如户外运动（Outdoor activities）、家庭生活（Home living）、商业办公（Business and office）等。

（3）目标受众：如年轻人（Young adults）、家庭主妇（Housewives）、专业人士（Professionals）等。

（4）配色和风格：如明亮鲜艳（Bright and vibrant）、简约现代（Minimalistic and modern）、温暖柔和（Warm and soft）等。

（5）产品展示：如角度（Angle）、尺寸（size）、组合（combination）等。

3.7.4　典型案例：生成科幻电影场景

扫码看教学视频

科幻电影场景能够提供视觉享受、强调故事情节和主题，以及增加观众的情感共鸣，这些场景可以激发观众的想象力，带领他们进入一个全新的、充满奇迹和未知的奇幻世界，能够给观众带来视觉上的冲击和享受。

例如，在未来的废墟城市中展示人类文明的衰落，或者在外太空展示人类对探索和冒险的渴望，这些场景可以增强电影的叙事效果，并使观众更深入地理解故事的背景和含义。下面介绍在Firefly中生成科幻电影场景的方法。

步骤01 进入"文字生成图像"页面，输入相应关键词，单击"生成"按钮，Firefly将根据关键词自动生成4张科幻电影场景图片，如图3-59所示。

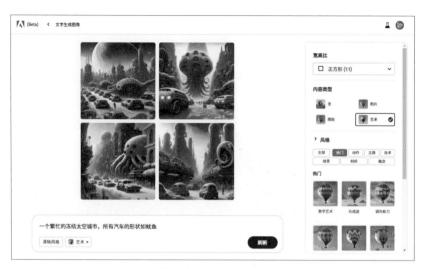

图 3-59　自动生成 4 张科幻图片电影场景

步骤 02 在右侧设置"内容类型"为"无"、"宽高比"为"宽屏"，确定图片的尺寸和类型；在"动作"选项卡中，选择"科幻"风格，将画面调为科幻风格；在"主题"选项卡中，选择"几何"风格，增强画面元素形状的表现力；在"概念"选项卡中，选择"庸俗"风格，使画面以夸张、俗气的方式呈现出来，追求一种艺术上的过度和滑稽感；在"颜色和色调"下拉列表中，选择"冷色调"选项，将画面调为冷色调，然后重新生成图片，如图3-60所示。

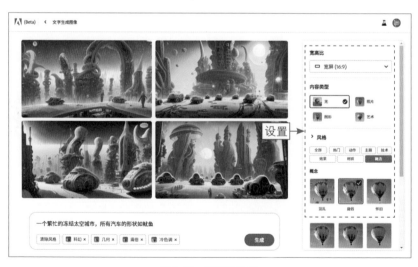

图 3-60　设置各选项

步骤 03 放大预览Firefly AI生成的科幻电影场景图片，可以看到画面极具科技感，带领观众进入了一个全新的世界，效果如图3-61所示。

图 3-61 放大预览生成的科幻电影场景

★ 专家提醒 ★

在 AI 绘画中，生成科幻电影场景的关键词有：太空空间（Space）、未来城市（Future City）、外星世界（Alien World）、平行宇宙（Parallel Universe）、时光旅行（Time Travel）、机器人工厂（Robot Factory）、虚拟现实（Virtual Reality）、星际飞船（Spaceship）、战争场景（War Scene）、生化实验室（Biochemical Laboratory）、奇幻生物（Fantasy Creatures）、智能城市（Smart City）、雷电风暴（Thunderstorm）、高科技实验室（High-Tech Laboratory）等。这些关键词代表了科幻片中常见的场景元素，可以用来生成具有科幻色彩的电影场景。

3.7.5 典型案例：生成真实的微距摄影照片

扫码看教学视频

微距摄影是一种专门拍摄微小物体的取景方式，主要目的是尽可能地展现主体的细节和纹理，以及赋予其更大的视觉冲击力，适合拍摄花卉、小动物、美食或者生活中的小物品等类型的照片。下面以生成一张金翅雀图片为例，介绍在Firefly中生成真实的微距照片的方法。

步骤01 进入"文字生成图像"页面，输入相应关键词，单击"生成"按钮，Firefly将根据关键词自动生成4张金翅雀图片，如图3-62所示。

步骤02 在右侧设置"内容类型"为"无"、"宽高比"为"宽屏（16：9）"，确定图片的尺寸和类型；在"风格"选项区的"效果"选项卡中，选择"散景效果"风格,让图片周围显示虚化效果,这样可以使主体对象更加突出;在"合成"下拉列表中,选择"微距摄影"选项,使画面呈现出微距摄影的效果,重新生成4张金翅雀图片,如图3-63所示。

图3-62　自动生成4张金翅雀图片

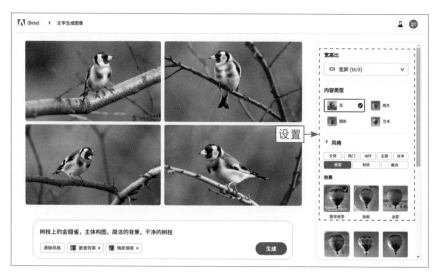

图3-63　重新生成4张金翅雀图片

★ 专家提醒 ★

在 AI 绘画中，生成微距摄影图片的关键词有：花朵（Flowers）、昆虫（Insects）、植物（Plants）、蚂蚁（Ants）、蝴蝶（Butterflies）、蜜蜂（Bees）、雨滴（Dewdrops）、蜘蛛网（Spider webs）、叶子（Leaves）、细节（Details）、眼睛（Eyes）、羽毛（Feathers）、食物（Food）、石头（Stones）、水滴（Water droplets），这些关键词可以用于指导生成微距照片时的主题设定。

步骤03 放大预览Firefly AI生成的微距摄影图片，可以看到图片中的金翅雀细节清晰，有质感，效果如图3-64所示。

图 3-64　放大预览微距摄影图片

★ 专家提醒 ★

微距摄影的图片在许多领域都有广泛应用，包括但不限于以下几个方面。

（1）微距摄影提供了对昆虫、植物、微生物等生物体的细节观察和记录，有助于科学研究、物种鉴定和生物学教学。

（2）微距摄影可以捕捉产品的细节和纹理，用于广告、宣传册、产品目录等，突出产品的质感和吸引力。

（3）微距摄影可以展示珠宝和宝石的细节，捕捉其闪耀的光芒和精湛的工艺，用于珠宝的宣传和展示。

（4）微距摄影作品可以用于科普教育，帮助观众了解微观世界的奇妙之处，激发人们对科学的兴趣和好奇心。

本章小结

本章主要介绍了多种AI图片样式的应用技巧，如"动作"样式、"主题"样式、"效果"样式、"颜色和色调"样式、"光照"样式以及"合成"样式等，最后通过5个典型案例将前面介绍的知识点进行融会贯通讲解，帮助大家更好地运用Firefly进行AI绘画。

课后习题

鉴于本章知识的重要性，为了帮助读者更好地掌握所学知识，本节将通过上机习题，帮助读者进行简单的知识回顾和补充。

本习题需要掌握通过关键词描述生成科幻类的电影场景图片的方法，然后添加相应的图片样式，制作出具有艺术效果的画面，如图3-65所示。

图 3-65　生成科幻类的电影场景图片

第 4 章　生成填充：移除对象或绘制新对象

Firefly 的"创意填充"功能主要使用生成式对抗网络（Generative Adversarial Networks，GAN）或其他 AI 技术来自动生成、填充或完善绘画作品，可以用于自动完成草图或线稿、添加细节或纹理、改善色彩和构图等。本章主要介绍使用 Firefly 的"创意填充"功能移除对象或绘制新对象的方法。

4.1 添加与删除绘画区域

使用Firefly中的"创意填充"功能之前，首先需要掌握添加与减去绘画区域的基本操作，灵活控制绘画区域，才能更好地生成绘图效果。本节主要介绍添加与删除绘画区域的操作方法。

4.1.1 案例：添加绘画区域修饰照片场景

扫码看教学视频

在Firefly中，要移除图像上的对象之前，首先需要在图像上绘制一个区域，下面介绍添加绘画区域的操作方法。

步骤01 进入Adobe Firefly（Beta）主页，在"创意填充"选项区中单击"生成"按钮，如图4-1所示。

步骤02 执行操作后，进入"创意填充"页面，单击"上传图像"按钮，如图4-2所示。

图 4-1　单击"生成"按钮

使用画笔移除对象，或者绘制新对象

要开始使用，请选择一个示例资产或上传图像

或者将图像文件拖放到此处

图 4-2　单击"上传图像"按钮

步骤03 执行操作后，弹出"打开"对话框，选择一张素材图片，如图4-3所示。

步骤04 单击"打开"按钮，即可上传素材图片并进入"创意填充"编辑页面，如图4-4所示。

步骤05 在页面下方选取"添加"画笔工具　，在图片中的适当位置进行涂抹，涂抹的区域呈透明状态显示，如图4-5所示，这个透明区域即绘画区域。

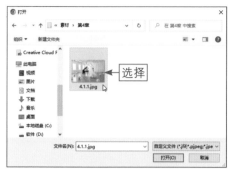

图 4-3　选择一张素材图片

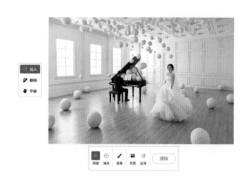

图 4-4　上传素材图片

步骤06 用与上面相同的方法，在图片中的其他位置进行涂抹，将需要绘画的区域涂抹成透明区域，如图4-6所示，即可添加绘画区域。

图 4-5　涂抹的区域呈透明状态显示

图 4-6　在其他位置进行涂抹

步骤07 在页面下方单击"生成"按钮，此时Firefly将对涂抹的区域进行绘图，在工具栏中可以选择不同的图像效果，如选择第3个图像效果，单击"保留"按钮，如图4-7所示，即可应用生成的图像效果。

步骤08 在页面右上角的位置，单击"下载"按钮，如图4-8所示。

图 4-7　单击"保留"按钮

图 4-8　单击"下载"按钮

步骤 09 执行操作后，即可保存图像，效果如图4-9所示。

图 4-9　预览移除对象并绘制新对象的效果

4.1.2　案例：减去绘画区域调整人物照片

扫码看教学视频

当用户使用"添加"画笔工具 在图像上涂抹的区域过大时，可以运用"减去"画笔工具 进行涂抹，减去多余的透明区域，具体操作步骤如下。

步骤 01 进入"创意填充"页面，单击"上传图像"按钮，上传一张素材图片并进入"创意填充"编辑页面，如图4-10所示。

步骤 02 选取"添加"画笔工具 ，在图片中的适当位置进行涂抹，涂抹的区域呈透明状态显示，如图4-11所示。

图 4-10　上传图片并进入"创意填充"编辑页面

图 4-11　在图片上进行涂抹

步骤03 在页面下方选取"减去"画笔工具 ⊙，在上一步涂抹过的透明区域上再次进行涂抹，减去绘画区域，如图4-12所示，恢复图片原来的效果。

步骤04 单击"生成"按钮，此时Firefly将对涂抹的区域进行绘图，在工具栏中选择第3个图像效果，单击"保留"按钮，如图4-13所示。

图 4-12 减去绘画区域　　　　　　　　　图 4-13 单击"保留"按钮

步骤05 执行操作后，即可应用生成的图像效果，如图4-14所示。

图 4-14 应用生成的图像效果

4.2 设置画笔的大小与硬度

设计师在绘图的过程中，根据图片上需要绘图的区域大小，可以设置画笔的大小与硬度属性，使画笔的大小贴合绘图的需要，这样可以提高绘图效率。本节主要介绍设置画笔大小与硬度的操作方法。

4.2.1 案例：设置画笔大小涂抹画面中的建筑

在图片上创建透明的绘画区域时，可以根据要涂抹的区域大小来设置画笔笔刷的大小，具体操作步骤如下。

扫码看教学视频

步骤 01 在"创意填充"页面中，上传一张素材图片，如图4-15所示。

步骤 02 在工具栏中单击"设置"按钮，弹出列表框，向右拖曳"画笔大小"下方的滑块，直至参数显示为76%，如图4-16所示，将画笔调大。

步骤 03 运用"添加"画笔工具 在图片上进行适当涂抹，将右侧多余的高楼建筑涂抹掉，如图4-17所示。

步骤 04 再次单击"设置"按钮，弹出列表框，向左拖曳"画笔大小"下方的滑块，直至参数显示为43%，如图4-18所示，将画笔调小。

步骤 05 在图片上进行适当涂抹，将左侧的小岛屿涂抹掉，如图4-19所示。

图 4-15　上传一张素材图片

图 4-16　设置画笔大小参数为 76%

图 4-17 将高楼建筑涂抹掉

图 4-18 设置画笔大小参数为 43%

图 4-19 将小岛屿涂抹掉

步骤06 单击"生成"按钮，此时Firefly将对涂抹的区域进行绘图，在工具栏中选择第2个图像，单击"保留"按钮，即可应用生成的图像效果，如图4-20所示。

图 4-20　应用生成的图像效果

★ 专 家 提 醒 ★

"添加"和"减去"画笔工具是绘图时常用的工具，利用这些画笔工具可以绘制边缘柔和的线条，且画笔的大小、边缘的硬度都可以灵活调节。

4.2.2　案例：设置画笔硬度去除画面中的人物

扫码看教学视频

画笔硬度是指笔刷的坚硬程度或柔软程度，较高的画笔硬度表示笔刷边缘更加锐利，较低的画笔硬度则表示笔刷边缘更加柔和，画笔硬度的调整会影响笔触的特性和最终生成的图像效果。下面介绍设置画笔硬度的操作方法。

步骤01 在"创意填充"页面中，上传一张素材图片，如图4-21所示。

步骤02 在工具栏中单击"设置"按钮，弹出列表框，向右拖曳"画笔硬度"下方的滑块，直至参数值显示为100%，如图4-22所示，使画笔边缘更加锐利，绘制出来的透明区域比较硬。

步骤03 运用"添加"画笔工具 ▦ 在图片右下角的水印上进行适当涂抹，将图片上的水印涂抹掉，如图4-23所示。

步骤04 再次单击"设置"按钮，弹出列表框，向左拖曳"画笔硬度"下方的滑块，直至参数值显示为0%，如图4-24所示，使绘制出来的透明区域边缘比较柔和。

图 4-21　上传一张素材图片

图 4-22　设置参数值为 100%

图 4-23　将图片上的水印涂抹掉

图 4-24　设置参数值为 0%

步骤 05 运用"添加"画笔工具 在图片上的人物处进行多次涂抹，将人物涂抹掉，如图4-25所示，此时绘制出来的透明区域羽化较多，边缘比较柔和。

步骤 06 单击"生成"按钮，此时Firefly将对涂抹的区域进行绘图，在工具栏中选择第3个图像效果，单击"保留"按钮，如图4-26所示。

图 4-25　将图片中的人物涂抹掉

图 4-26　单击"保留"按钮

步骤 07 执行操作后，即可应用生成的图像效果，如图4-27所示。

图 4-27　应用生成的图像效果

4.2.3　案例：设置画笔不透明度制作简洁背景

扫码看教学视频

在绘画中，画笔不透明度是指笔刷应用到图像上时的透明程度。数值越高，绘画的区域越透明；数值越低，绘画的区域越不透明。通过调整"画笔不透明度"参数，可以控制绘画效果的透明程度。下面介绍设置画笔不透明度的方法。

步骤01 在"创意填充"页面中，上传一张素材图片，如图4-28所示。

步骤02 在工具栏中单击"设置"按钮，弹出列表框，拖曳"画笔不透明度"下方的滑块，设置参数值为100%，如图4-29所示，表示被涂抹的区域完全透明。

图 4-28　上传一张素材图片

图 4-29　设置参数值为 100%

步骤03 运用"添加"画笔工具 ✸ 在图片四周进行适当涂抹，如图4-30所示，使画面显得干净、整洁。

步骤 04 重新设置"画笔不透明度"参数值为37%，在图片的右上角进行涂抹，可以看到涂抹过的区域还有灰色阴影，如图4-31所示，不完全透明。

图 4-30　在四周进行适当涂抹　　　　图 4-31　在右上角位置进行涂抹

★ 专 家 提 醒 ★

在"创意填充"页面中，一般情况下会将"画笔不透明度"参数值设置为100%，这样重新生成的效果更令人满意。

步骤 05 单击"生成"按钮，即可对涂抹的区域进行绘图，可以看到大部分区域已经修复好，而设置"画笔不透明度"参数值为37%时被涂抹的区域，还有黑色的多余部分没有清除干净，如图4-32所示，这就是画笔不透明度为100%和37%的区别。

步骤 06 单击"保留"按钮，再次使用100%的画笔不透明度对右上角区域进行涂抹，然后单击"生成"按钮，移除画面中多余的部分，如图4-33所示。

图 4-32　第一次涂抹的效果　　　　　图 4-33　第二次涂抹的效果

★ 专 家 提 醒 ★

如果用户对 Firefly 生成的图像效果不满意，可以单击"取消"按钮。

步骤07 单击"保留"按钮，应用生成的图像，效果如图4-34所示。

图 4-34　应用生成的图像

4.2.4　案例：通过删除画面背景制作美食照片

扫码看教学视频

在"创意填充"编辑页面中，使用"背景"工具可以快速去除图像背景，将主体图像抠出，具体操作方法如下。

步骤01 在"创意填充"页面中，上传一张素材图片，如图4-35所示。

步骤02 在工具栏中，单击"背景"按钮，Firefly将快速去除主体对象的背景，效果如图4-36所示。

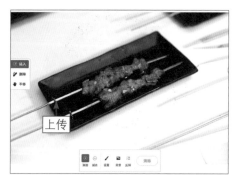

图 4-35　上传一张素材图片

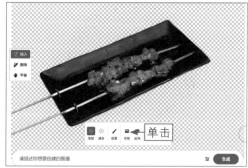

图 4-36　快速去除主体对象的背景

步骤03 在下方的关键词输入框中输入"渐变背景"，如图4-37所示。

步骤04 单击"生成"按钮，即可生成相应的背景，效果如图4-38所示。

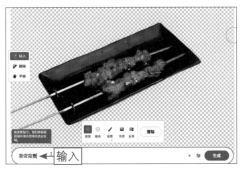

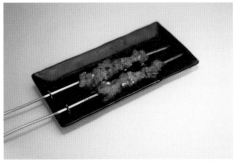

图 4-37　输入相应的关键词　　　　　　图 4-38　生成相应的背景

4.3 创意填充的典型案例

　　"创意填充"功能对图像设计来说是一种实用的创意工具，可以用于加速创作过程、探索新颖的创作方向，本节通过案例的形式详细介绍这种强大功能的具体用法。

4.3.1　典型案例：去除画面中的路人

扫码看教学视频

　　当我们在旅游景点拍摄风光照片时，有时候路人会影响整个画面的质感，此时可以在"创意填充"编辑页面中，去除画面中的路人，具体操作步骤如下。

步骤01 在"创意填充"页面中，上传一张素材图片，如图4-39所示。

图 4-39　上传一张素材图片

步骤 **02** 运用"添加"画笔工具 在图片中的人物处进行适当涂抹，涂抹的区域呈透明状态显示，如图4-40所示。

步骤 **03** 单击"生成"按钮，此时Firefly将对涂抹的区域进行绘图，单击"保留"按钮，如图4-41所示。

图 4-40 涂抹的区域呈透明状态显示

图 4-41 单击"保留"按钮

步骤 **04** 执行操作后，即可快速移除画面中的路人，效果如图4-42所示。

图 4-42 快速移除画面中的路人

4.3.2 典型案例：给人物更换一件服装

如果觉得照片中人物的服装不好看，可以通过"生成填充"功能给人物换一件衣服，具体操作步骤如下。

步骤 **01** 在"创意填充"页面中，上传一张素材图片，如图4-43所示。

扫码看教学视频

步骤02 运用"添加"画笔工具![icon]在图片中人物的红色长裙处进行涂抹，涂抹的区域呈透明状态显示，如图4-44所示，在绘图过程中用户可以自由调节画笔大小。

图 4-43　上传一张素材图片

图 4-44　在红色长裙处进行涂抹

步骤03 在下方的关键词输入框中输入"一条长款的黄色裙子"，单击"生成"按钮，如图4-45所示。

步骤04 执行操作后，即可生成相应的人物服装，效果如图4-46所示。

图 4-45　单击"生成"按钮

图 4-46　生成人物服装

4.3.3　典型案例：给风光照片换一个天空

由于拍摄环境的影响，可能导致拍摄出来的照片天空不好看，此时在Firefly中可以给照片换一个天空，蓝天白云的场景能让人心情愉悦。下面介绍给风光照片换一个天空的操作方法。

步骤 01 在"创意填充"页面中，上传一张素材图片，如图4-47所示。

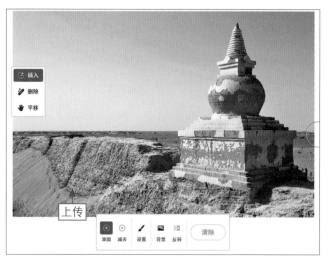

图 4-47　上传一张素材图片

步骤 02 运用"添加"画笔工具 在照片中的天空处进行涂抹，涂抹的区域呈透明状态显示，如图4-48所示。

图 4-48　在天空处进行涂抹

步骤 03 在下方的关键词输入框中输入"蓝天白云"，单击"生成"按钮，如图4-49所示。

图 4-49 输入关键词并单击"生成"按钮

步骤 04 执行操作后，即可生成蓝天白云，效果如图4-50所示。

图 4-50 生成蓝天白云

4.3.4 典型案例：为高速公路添加一条白线

在"创意填充"页面中，用户可根据需要为高速公路添加一条白色的标志线，下面介绍具体的操作方法。

扫码看教学视频

107

步骤 01 在 "创意填充" 页面中, 上传一张素材图片, 如图4-51所示。

步骤 02 运用 "添加" 画笔工具 ⊛ 在照片中的适当位置进行涂抹, 涂抹的区域呈透明状态显示, 如图4-52所示。

图 4-51　上传一张素材图片

图 4-52　适当位置进行涂抹

步骤 03 在关键词输入框中输入 "公路上的白色线条", 单击 "生成" 按钮, 如图4-53所示。

步骤 04 执行操作后, 即可生成相应的图像, 效果如图4-54所示。

图 4-53　输入关键词并单击 "生成" 按钮

图 4-54　生成相应的图像

4.3.5　典型案例: 为蓝天白云添加一群飞鸟

飞鸟可以给画面起到装饰的作用, 可以为画面带来生机与活力。下面介绍为蓝天白云添加一群飞鸟的方法, 具体操作步骤如下。

步骤 01 在 "创意填充" 页面中, 上传一张素材图片, 如图4-55所示。

扫码看教学视频

步骤 02 运用"添加"画笔工具，在照片中的天空处进行涂抹，涂抹的区域呈透明状态显示，如图4-56所示。

图 4-55　上传一张素材图片　　　　　　　　图 4-56　天空处进行涂抹

步骤 03 在下方的关键词输入框中输入"一群小鸟"，单击"生成"按钮，如图4-57所示。

步骤 04 执行操作后，即可在画面中添加一群飞鸟，效果如图4-58所示。

图 4-57　输入关键词并单击"生成"按钮　　　图 4-58　在画面中添加一群飞鸟

★ 专家提醒 ★

在"创意填充"页面中，用户还可以使用相同的方法在蓝天白云中添加一架飞机飞过高空，也有画龙点睛之效。

4.3.6　典型案例：更换人物的发型

发型在外貌和形象中起着重要的作用，一款适合自己的发型可以使人感到更加自信和满意，在外貌上也能展示出自己的风格和形象。下面介绍更换人物发型的方法，具体操作步骤如下。

扫码看教学视频

步骤 **01** 在"创意填充"页面中，上传一张素材图片，如图4-59所示。

步骤 **02** 运用"添加"画笔工具  在人物的头发处进行涂抹，涂抹的区域呈透明状态显示，如图4-60所示。

图 4-59　上传一张素材图片

图 4-60　在人物的头发处进行涂抹

步骤 **03** 在下方的关键词输入框中输入"金黄色卷发，有女人味，漂亮"，单击"生成"按钮，如图4-61所示。

步骤 **04** 执行操作后，即可更换女人的发型，效果如图4-62所示。

图 4-61　单击"生成"按钮

图 4-62　更换女人的发型

4.3.7　典型案例：为照片更换四季风景

在"创意填充"编辑页面中涂抹图像后，输入相应的关键词，可以为照片更换四季风景，如可以将春景更换为秋景或冬景，具体操作步骤如下。

步骤01 在"创意填充"页面中，上传一张素材图片，如图4-63所示。

步骤02 运用"添加"画笔工具 ✦ 在图片中的绿色场景处进行涂抹，涂抹的区域呈透明状态显示，如图4-64所示。

图 4-63　上传一张素材图片

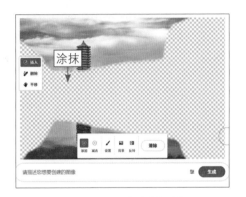

图 4-64　绿色场景处进行涂抹

步骤03 在下方的关键词输入框中输入"秋天的场景"，单击"生成"按钮，如图4-65所示。

步骤04 执行操作后，即可将照片中的春景改为秋景，效果如图4-66所示。

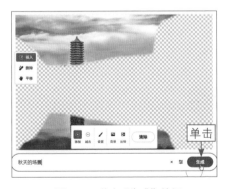

图 4-65　单击"生成"按钮

图 4-66　将春景改为秋景

4.3.8　典型案例：更换婚纱照片背景

如果用户觉得拍摄出来的婚纱照片背景不好看，则可以在"创意填充"页面中更换婚纱照片的背景，使画面效果更加符合要求，具体操作步骤如下。

步骤01 在"创意填充"页面中，上传一张素材图片，如图4-67所示。

图 4-67　上传一张素材图片

步骤02 运用"添加"画笔工具 ![icon] 在婚纱照的背景处进行涂抹，涂抹的区域呈透明状态显示，如图4-68所示。

图 4-68　在婚纱照的背景处进行涂抹

步骤 03 在下方的关键词输入框中输入"秋天的风景，背景模糊"，单击"生成"按钮，如图4-69所示。

图 4-69　单击"生成"按钮

步骤 04 执行操作后，即可更换婚纱照片的背景，如图4-70所示。

图 4-70　更换婚纱照片的背景

4.3.9　典型案例：在图片上添加湖泊

在图片中的适当位置添加湖泊，可以使画面主体突出，更有风光照片的韵味，下面介绍具体的操作方法。

扫码看教学视频

113

步骤 **01** 在"创意填充"页面中，上传一张素材图片，如图4-71所示。

步骤 **02** 运用"添加"画笔工具 ✹ 在图片中的适当位置进行涂抹，涂抹的区域呈透明状态显示，如图4-72所示。

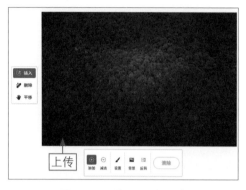

图 4-71 上传一张素材图片 　　图 4-72 在适当位置进行涂抹

步骤 **03** 在下方的关键词输入框中输入"山顶上的湖泊"，单击"生成"按钮，即可在高山顶上添加一个湖泊，在工具栏中选择第3个图像，效果如图4-73所示。

步骤 **04** 单击"保留"按钮，即可生成相应的图像，效果如图4-74所示。

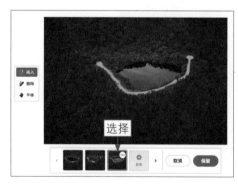
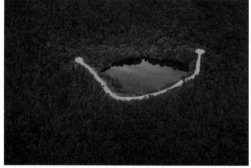

图 4-73 选择第 3 个图像 　　图 4-74 生成相应的图像

4.3.10 典型案例：在草地上添加房子和树

扫码看教学视频

通过关键词"房子"和"大树"可以在图片上添加一所房子和一棵树，具体操作步骤如下。

步骤 **01** 在"创意填充"页面中，上传一张素材图片，如图4-75所示。

步骤 02 运用"添加"画笔工具 ✦ 在图片中的适当位置进行涂抹，涂抹的区域呈透明状态显示，如图4-76所示。

图 4-75　上传一张素材图片

图 4-76　在适当位置进行涂抹

步骤 03 在下方的关键词输入框中输入"房子"，单击"生成"按钮，即可在草地上添加一所房子，在工具栏中选择第3个图像，效果如图4-77所示。

步骤 04 单击"保留"按钮，用同样的方法，通过关键词"大树"，在房子的右侧绘制一棵树，效果如图4-78所示。

图 4-77　选择第 3 个图像效果

图 4-78　在右侧绘制一棵树

本章小结

本章首先介绍了生成填充的基本操作，如添加与减去绘画区域、设置画笔大小、设置画笔硬度、设置画笔不透明度、删除画面背景等内容；然后通过10个典型案例详细讲解了"创意填充"功能的实际应用，如去除画面中的路人、给人物更换一件服装、给风光照片换一个天空以及为照片更换四季风景等。通过本章的学习，读者可以熟练掌握"创意填充"功能，创作出更多精彩、漂亮的AI作品。

课后习题

鉴于本章知识的重要性，为了帮助读者更好地掌握所学知识，本节将通过上机习题，帮助读者进行简单的知识回顾和补充。

本习题需要掌握去除画面中的路人，然后给风光照片换一个天空的方法，素材与效果图对比如图4-79所示。

图 4-79　素材与效果图对比

第 5 章　文字效果：一键生成字幕效果（上）

利用 Firefly 中的"文字效果"功能可以对文字进行艺术化处理，使其在视觉上更加吸引人或突出某种特点，文字效果在设计、广告、宣传、数字媒体等领域中起着重要的作用，可以提高信息传递的效果。本章主要介绍使用 Firefly 的"文字效果"制作文字特效的方法。

5.1 设置文本的匹配形状

在"文字效果"页面中,通过设置文本的"匹配形状"属性,可以使其在视觉上更加吸引人或突出某种特点,包括应用特殊的字体、描边以及阴影等效果,以改变文字的外观和呈现方式。

5.1.1 设置文本的"紧致"效果

"紧致"是一个用于描述文本与其周围空间或元素之间的紧密程度的术语,表示文本与周围元素的紧凑性,在视觉上创造出一种紧凑、集中的文本外观。

为文本应用"紧致"效果的操作很简单,首先进入"文字效果"页面,在左侧输入文本Firefly,在右侧输入"丛林藤蔓和鸟",单击"生成"按钮,如图5-1所示。

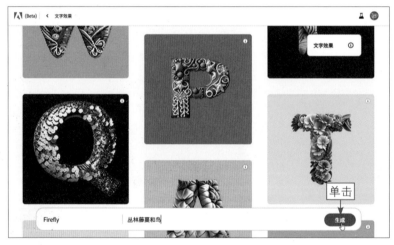

图 5-1 单击"生成"按钮

执行操作后,即可生成相应的文本效果,在右侧的"匹配形状"选项区中,选择"紧致"选项,即可应用文本的紧凑效果,如图5-2所示。可以看出,文字应用了丛林藤蔓和鸟的效果,文字与藤蔓图案紧凑地挨在一起,没有过多的艺术表现。

★ 专 家 提 醒 ★

应用"紧致"文本效果时,文本通常会被更紧凑地放置在其周围的空间中,这意味着文本与其他元素之间的间距较小。

图 5-2　应用文本的"紧致"效果

　　在Firefly文字效果的下方，有4种文字样式，单击相应的缩略图，可以预览不同的文字效果，如图5-3所示。

图 5-3　预览不同的文字效果

5.1.2　设置文本的"中等"效果

　　"中等"效果比"紧致"的文字效果稍微宽松一点，介于紧凑与宽松之间，可以让文字效果有一些艺术的表现。在右侧的"匹配形状"选项区中，选择"中等"选项，即可应用文本的中等效果，如图5-4所示。可以看出，文字上的丛林藤蔓和鸟的效果有一些扩展拉丝的艺术表现，比"紧致"的文字效果更漂亮一点。

图 5-4　应用文本的"中等"效果

5.1.3　设置文本的"松散"效果

"松散"主要用来描述文本之间或文本与效果元素之间的宽松程度，当在文字上应用"松散"效果时，文本通常会以较宽松的方式排列，这意味着文本与效果元素之间的间距会较大，使文字有更多的艺术表现。

在右侧的"匹配形状"选项区中，选择"松散"选项，即可应用文本的宽松效果，如图5-5所示。可以看出，文字上的丛林藤蔓和鸟的效果有了更大的艺术表现，与文字之间的间距更大。

图 5-5　应用文本的松散效果

5.2　设置文字字体与背景色

在Firefly中，用户可以根据需求或设计为文字设置合适的字体效果背景颜色，不同的字体样式可以传递不同的情感、风格和表达方式；而不同的背景色可以提升文字设计的美感和视觉效果。本节主要介绍设置文字字体与背景色的方法。

5.2.1　案例：使用无衬线字体制作品牌文字

在Firefly中，Source Sans 3是一种无衬线字体（sans-serif font）效果，与汉字字体中的黑体相对应。无衬线字体是指在字母的末端和转角上没有额外装饰线条的字体，具有简洁、现代的外观。无衬线字体通常用于品牌设计、海报设计、移动应用界面设计等领域。下面介绍使用无衬线字体制作文字效果的方法。

扫码看教学视频

`步骤01` 进入"文字效果"页面，在左侧文本框中输入Traim，在右侧输入"黑色和金色滴落的油漆"，如图5-6所示。

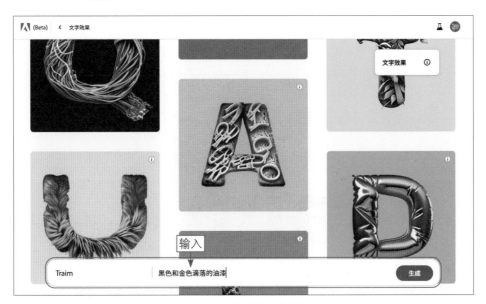

图5-6　输入相应文本和关键词

`步骤02` 单击"生成"按钮，即可生成相应的文字效果，在右侧的"字体"选项区中默认使用Acumin Pro字体效果，如图5-7所示。

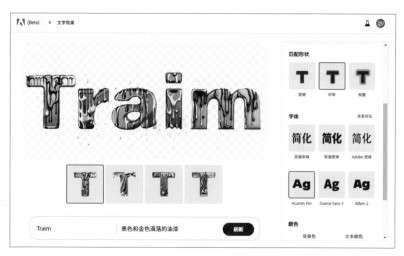

图 5-7　默认使用 Acumin Pro 字体效果

★ 专 家 提 醒 ★

Acumin Pro 字体的设计追求现代、精致的外观，结合了传统和创新的元素，使其适用于多种设计风格和主题，被广泛用于印刷品设计、广告、品牌标志等领域，成为许多设计师和排版专业人士的首选字体之一。

步骤 03 在右侧的"字体"选项区中，选择Source Sans 3选项，即可设置文字的字体效果，如图5-8所示，这是一种比较传统的字体风格，各个字母的比例均衡，字形清晰，具有良好的可读性，这种文字效果在各种屏幕上都能清晰地展示文字。

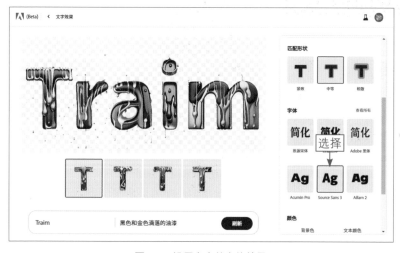

图 5-8　设置文字的字体效果

5.2.2　案例：使用衬线字体制作咖啡文字

Cooper字体是由兰斯·库珀（Lance Cooper）于1922年设计的一种字体，且是一种衬线字体（serif font）。衬线字体是指在字母的末端和转角上有额外装饰线条的字体，通常具有较为传统、经典的外观。在一些设计中，常被用于营造复古、艺术氛围或独特的个性化风格。下面介绍使用衬线字体制作文字效果的方法。

步骤01　进入"文字效果"页面，在左侧和右侧文本框中均输入coffe（咖啡），单击"生成"按钮，即可生成咖啡效果的文字，如图5-9所示。

图 5-9　生成咖啡效果的文字

步骤02　单击"字体"右侧的"查看所有"按钮，展开相应面板，选择Cooper字体，即可设置文字的字体效果，如图5-10所示。这种文字效果在视觉上具有一定的吸引力和独特性，能给人带来一种优雅和经典的感觉。

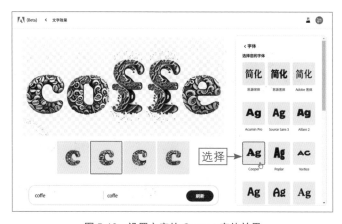

图 5-10　设置文字的 Cooper 字体效果

123

5.2.3 案例：使用Poplar字体制作水晶文字

扫码看教学视频

Poplar是一款很漂亮的艺术字体，非常适合创意类的图像，广泛应用于各种书刊、海报、画册以及包装设计中。下面介绍使用Poplar字体制作文字效果的方法。

步骤01 进入"文字效果"页面，在左侧文本框中输入space，在右侧文本框中输入"水晶"，单击"生成"按钮，生成水晶效果的文字，如图5-11所示。

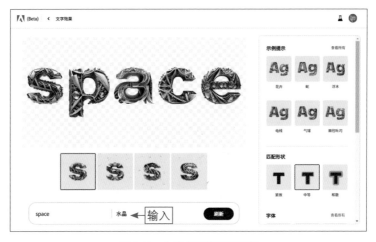

图 5-11　生成水晶效果的文字

步骤02 单击"字体"右侧的"查看所有"按钮，展开相应面板，选择Poplar选项，即可设置文字的字体效果，如图5-12所示，这种文字效果在视觉上具有一定的艺术性，适合用来作为书刊的封面字体，能快速吸引观众的眼球。

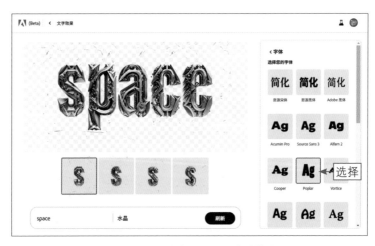

图 5-12　设置文字的 Poplar 字体效果

5.2.4　案例：设置粉色金色气球文字的背景色

在文字效果中，背景色指的是应用于文本背景的颜色，它的作用是为文字提供一个背景环境，使其在设计中更加突出或与其他元素形成对比。下面介绍设置粉色金色气球文字背景色的方法。

步骤 01　进入"文字效果"页面，在左侧文本框中输入happy，在右侧文本框中输入"粉色金色气球"，表示生成粉色金色气球的字体样式。单击"生成"按钮，即可生成相应的文字效果，如图5-13所示。

图 5-13　生成粉色金色气球的字体样式

步骤 02　在右侧的"颜色"选项区中，单击"背景色"选项下方的色块，比如单击淡粉色色块，即可将文字背景设置为淡粉色，如图5-14所示。

图 5-14　将文字背景设置为淡粉色

★ 专家提醒 ★

当有朋友过生日，或者有新人结婚时，我们在布置房间的时候，经常能看到这种粉金色气球的字体样式，能给人一种喜庆感。

另外，不同的背景颜色可以引发不同的情感反应，例如红色可以传递热情和活力，蓝色可以传递冷静和专业。在品牌设计中，使用与品牌标志或形象相关的背景颜色可以增强品牌的一致性和识别度。

步骤 03 如果单击黄色色块，可以将文字背景设置为黄色，效果如图5-15所示。通过选择鲜明或对比度较高的背景颜色，可以使文字在设计中更加突出，能吸引读者的注意力，使文字和其他元素之间形成清晰的分隔。

图 5-15　将文字背景设置为黄色

★ 专家提醒 ★

进入"文字效果"页面，在右侧的"颜色"选项区中，单击"文本颜色"选项下方的色块，可以设置文本的字体颜色属性。选择适当的文字颜色可以确保文字在背景上清晰可见，提高阅读的舒适性和文字的易读性，对比度高的文字颜色与背景形成鲜明的对比，使文字清晰易辨。

5.3　文字特效的典型案例（一）

通过前面知识点的学习，相信大家已经掌握了设置文本字体属性与背景色的方法，在本节中主要通过文字特效的典型案例，向大家详细讲解不同艺术文字效果的制作方法。

5.3.1　典型案例：制作金属填充文字效果

扫码看教学视频

金属文字常常用于奢侈品和高端产品的包装设计中，可以传达出产品的高级质感和品质保证。它为包装设计增添了一种精致、专业和令人愉悦的外观。下面介绍制作金属填充文字效果的方法。

步骤 01　进入"文字效果"页面，在左侧文本框中输入BOY，在右侧文本框中输入"金属颜色"，单击"生成"按钮，生成金属文字效果，如图5-16所示。

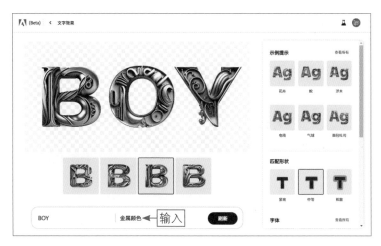

图 5-16　生成金属文字效果

步骤 02　在右侧的"字体"选项区中，选择Cooper字体，即可设置文字的字体效果，如图5-17所示，金属文字上带着一些艺术性，给人一种高端品牌的视觉感受。

图 5-17　设置文字的字体效果

5.3.2 典型案例：制作美食填充文字效果

美食文字在餐厅和咖啡馆中扮演着重要角色，它们被用于设计餐厅的招牌、菜单和宣传材料，以吸引客人的兴趣，传达餐厅的特色和独特卖点。另外，美食文字在美食活动、展览和比赛中常用于宣传和展示。下面介绍制作美食填充文字效果的方法。

步骤 01 进入"文字效果"页面，在左侧文本框中输入delicacy，在右侧文本框中输入"姜饼装饰"，单击"生成"按钮，即可生成美食样式的文字，如图5-18所示。

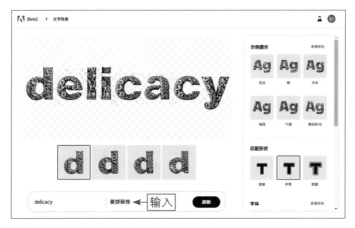

图 5-18　生成美食样式的文字

步骤 02 单击"字体"右侧的"查看所有"按钮，展开相应面板，选择Sanvito字体，即可将字体设置为艺术字体，效果如图5-19所示。

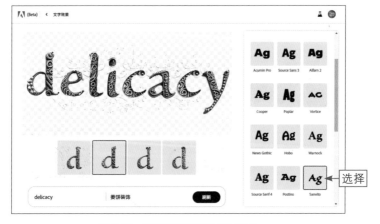

图 5-19　将文字的字体设置为艺术

步骤 **03** 在右侧单击"背景色"选项下方的色块，如单击土黄色色块，即可将文字背景设置为土黄色，主体文字在土黄色的背景上，轮廓更加清晰，字体更有立体感，就像一份美味的食物一样，如图5-20所示。

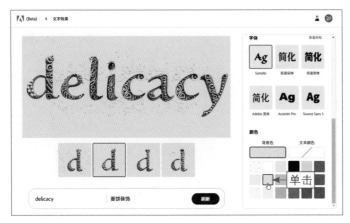

图 5-20　将文字背景设置为土黄色

5.3.3　典型案例：制作鞋子填充文字效果

扫码看教学视频

鞋子填充样式可以用来为鞋类产品制作广告宣传类的文字效果，用来吸引目标受众的注意力，使他们停下来关注产品。下面介绍制作鞋子填充文字效果的方法。

步骤 **01** 进入"文字效果"页面，在左侧文本框中输入Just do it，在右侧文本框中输入shoes（鞋子），单击"生成"按钮，生成鞋子填充的文字效果，如图5-21所示。

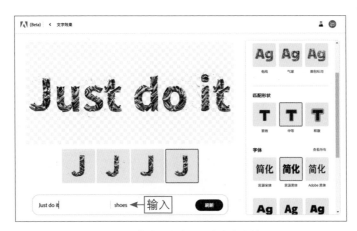

图 5-21　生成鞋类产品的广告文字效果

步骤 02 单击"字体"右侧的"查看所有"按钮，展开相应的面板，选择 Postino字体，即可设置文字效果，如图5-22所示。

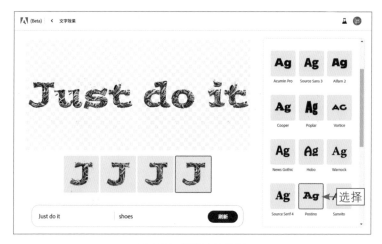

图 5-22　设置文字效果

★ 专家提醒 ★

Postino 是一种手写风格的字体，它模仿了人们用钢笔在纸上写字的效果，具有自然、流畅、轻快的特点，字母形状呈现出类似手写的曲线和笔画变化，用于营造温馨、个性化或手工艺的感觉，适合用来制作鞋类产品的广告文字效果。

步骤 03 在右侧单击"背景色"选项下方的色块，然后单击绿色色块，即可将文字背景设置为绿色，主体文字在绿色的背景上，给人一种清晰、自然的视觉感受，如图5-23所示。

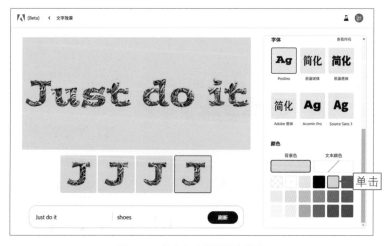

图 5-23　将文字背景设置为绿色

5.3.4　典型案例：制作披萨填充文字效果

扫码看教学视频

本案例制作的文字由披萨的形状和纹理填充，使用多种色彩，模拟披萨上的不同配料和酱料，使文字呈现出鲜明的色彩。这样的文字效果会给人一种有食欲的感觉，让人联想到美味的披萨，增加吸引力和趣味性。下面介绍制作披萨填充文字效果的方法。

步骤01 进入"文字效果"页面，在左侧和右侧的文本框中均输入pizza（披萨），单击"生成"按钮，生成披萨填充的文字，如图5-24所示。

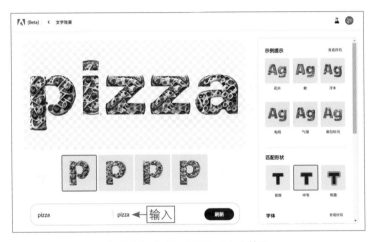

图 5-24　生成披萨填充的文字效果

步骤02 单击"字体"右侧的"查看所有"按钮，展开相应的面板，选择Source Serif 4字体，即可设置字体效果，如图5-25所示。

图 5-25　设置字体效果

扫码看教学视频

5.3.5　典型案例：制作亮片填充文字效果

亮片填充文字效果是指文字表面充满了小小的亮片，从而呈现出闪闪发光的效果。这种效果能够吸引眼球，给人一种炫目的感觉，我们在一些服装上经常能看到亮片填充的文字效果。下面介绍制作亮片填充文字效果的方法。

步骤01 进入"文字效果"页面，在左侧文本框中输入like，在右侧文本框中输入"亮片"，单击"生成"按钮，生成亮片填充的文字，如图5-26所示。

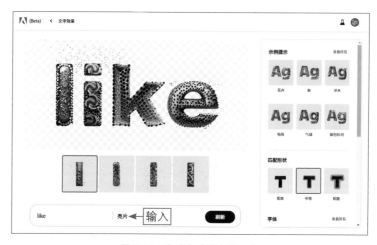

图 5-26　生成亮片填充的文字

步骤02 在右侧的"匹配形状"选项区中，选择"松散"选项，即可将亮片文字设置为宽松效果，如图5-27所示。

图 5-27　设置为宽松效果

5.3.6　典型案例：制作被子填充文字效果

被子填充文字效果是指文字表面看起来像是由蓬松的被子填充而成的，呈现出柔软、蓬松的质感，这种效果给人一种温暖、舒适的感觉，具有亲切感和温馨感，适用于与家庭、家居、休闲相关的设计。下面介绍制作被子填充文字效果的方法。

步骤 01　进入"文字效果"页面，在左侧的文本框中输入design，在右文本框中侧输入"蓬松的被子"，单击"生成"按钮，生成被子填充的文字效果，如图5-28所示。

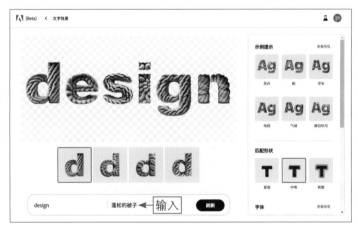

图 5-28　生成被子填充的文字效果

步骤 02　在右侧单击"背景色"选项下方的色块，如单击淡黄色色块，即可将文字背景设置为淡黄色，如图5-29所示。

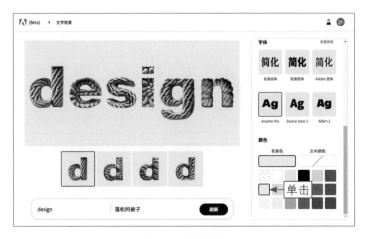

图 5-29　设置背景

本章小结

本章首先介绍了设置文本匹配形状的方法，包括紧致、中等和松散3种样式；然后介绍了设置文字字体与背景色的方法，如使用无衬线字体制作品牌文字、使用衬线字体制作咖啡文字、使用Poplar字体制作水晶文字以及设置粉色金色气球文字的背景色；最后通过6个典型案例，详细讲解了文字特效的制作方法，读者学完以后可以举一反三，创作出更多专业的文字效果。

课后习题

鉴于本章知识的重要性，为了帮助读者更好地掌握所学知识，本节将通过上机习题，帮助读者进行简单的知识回顾和补充。

本习题需要掌握制作鳞片填充文字效果的方法，效果如图5-30所示。

图 5-30　文字效果

第 6 章　文字效果：一键生成字幕效果（下）

文字效果在广告、标志、网页设计、平面设计、电影制作、舞台演出等多个领域中有重要的应用，可以提升视觉吸引力、传达信息、塑造形象，并创造出独特的视觉效果。本章主要讲解多种文字示例效果的应用，帮助大家创作出专业、个性的文字效果。

6.1 使用"自然"示例效果

"自然"示例效果的文字样式追求自然的外观和感觉，字母形状可能会模仿自然元素，如树叶、花朵或藤蔓等，以营造出有机、生态的氛围。本节主要介绍使用"自然"示例效果制作文字特效的方法。

6.1.1 案例：使用花卉样式制作文字效果

"花卉"样式通常会使用花朵、花蕊、叶子等花卉元素进行装饰，以营造出与花朵相关的氛围和视觉效果。这种样式广泛应用于花店、花艺设计、婚庆、女性品牌和节日活动等领域，以增强视觉吸引

扫码看教学视频

力和与花卉相关的情感联系。下面介绍使用"花卉"样式制作文字效果的方法。

步骤01 进入"文字效果"页面，在左侧和右侧的文本框中均输入"花艺"，单击"生成"按钮，即可生成鲜花填充的文字，并设置文字字体，效果如图6-1所示。

图 6-1　生成鲜花效果的文字

步骤02 在右侧的"示例提示"选项区中，选择"花卉"示例效果，将文字设置为花卉样式，效果如图6-2所示。

★ 专家提醒 ★

"花卉"文字样式通常使用与花朵相呼应的自然色彩，如粉色、绿色、蓝色、紫色等，这些色彩能够增强与花朵和自然相关的感觉和情绪。

图 6-2　将文字设置为花卉样式

6.1.2　案例：使用丛林藤蔓制作文字效果

"丛林藤蔓"样式通常会使用藤蔓、蔓藤等植物元素进行装饰，以营造出丛林藤蔓的感觉和视觉效果，这些藤蔓元素可以以曲线、缠绕、交错等形式出现在文字周围或内部。这种文字样式广泛应用于户外探险品牌、自然主题活动、植物艺术设计和环境保护组织等领域。下面介绍使用"丛林藤蔓"样式制作文字效果的方法。

扫码看教学视频

步骤01 进入"文字效果"页面，在左侧和右侧文本框中均输入"公园"，单击"生成"按钮，即可生成相应文字效果，并设置文字字体，效果如图6-3所示。

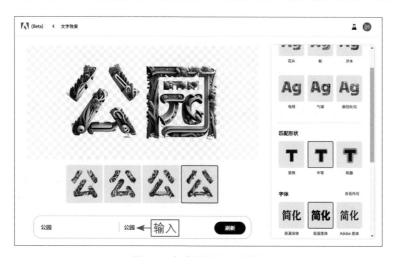

图 6-3　生成相应的文字效果

步骤02 单击"示例提示"右侧的"查看所有"按钮，展开相应面板，在"自然"选项区中选择"丛林藤蔓"效果，将文字设置为丛林藤蔓样式，效果如图6-4所示。

图 6-4　将文字设置为丛林藤蔓样式

步骤03 单击"示例提示"名称返回相应的面板，在"匹配形状"选项区中，选择"松散"选项，即可将文字上的丛林藤蔓样式设置为宽松效果，使文字效果更具艺术感，如图6-5所示。

图 6-5　将文字上的丛林藤蔓样式设置为宽松效果

6.1.3 案例：使用岩浆样式制作文字效果

扫码看教学视频

"岩浆"样式通常使用熔岩、岩浆等火山元素进行装饰，以营造出炽热流动的岩浆效果。这种文字样式通常用于火山景观、热情主题活动、夏季促销、娱乐产业等领域。下面介绍使用"岩浆"样式制作文字效果的方法。

步骤 01 进入"文字效果"页面，在左侧和右侧的文本框中均输入KTV，单击"生成"按钮，即可生成相应的文字效果，如图6-6所示。

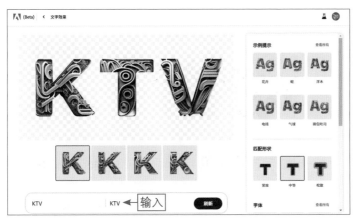

图 6-6　生成相应文字效果

步骤 02 单击"示例提示"右侧的"查看所有"按钮，展开相应面板，在"自然"选项区中选择"岩浆"示例效果，将文字设置为红色岩浆流动的样式，效果如图6-7所示。

图 6-7　将文字设置为红色岩浆流动的样式

6.1.4　案例：使用蛇形样式制作文字效果

"蛇"文字样式通常使用蛇形的线条、曲线或蛇身图案进行装饰，以营造出与蛇相关的视觉效果。这种文字样式广泛应用于野生动物保护组织、蛇类相关活动、时尚设计以及神秘主题品牌等领域。下面介绍使用"蛇"样式制作文字效果的方法。

步骤 01 进入"文字效果"页面，在左侧和右侧文本框中均输入"动物"，单击"生成"按钮，即可生成相应文字效果，并设置文字字体，效果如图6-8所示。

图 6-8　生成相应的文字效果

步骤 02 单击"示例提示"右侧的"查看所有"按钮，展开相应面板，在"自然"选项区中选择"蛇"示例效果，将文字设置为蛇身图案的样式，效果如图6-9所示。

图 6-9　将文字设置为蛇身图案的样式

6.2 使用"材质与纹理"示例效果

　　"材质与纹理"示例效果的文字样式模仿了各种材质的外观，如电线、气球、碎玻璃、牛仔服、塑料包装以及大理石等，这种效果使文字看起来具有质感和实物感。本节主要介绍使用"材质与纹理"示例效果制作文字特效的方法。

6.2.1　案例：使用电线样式制作文字效果

　　"电线"样式通常使用电线、线条、连接点等元素进行装饰，以营造出电子感、科技感或机械感的视觉效果。这种文字样式广泛应用于科技公司、电子产品、网站设计以及科技活动等领域。下面介绍使用"电线"样式制作文字效果的方法。

扫码看教学视频

　　步骤 01　进入"文字效果"页面，在左侧和右侧文本框中均输入"电线"，单击"生成"按钮，即可生成相应文字效果，并设置文字字体，效果如图6-10所示。

图 6-10　生成电线填充的文字效果

　　步骤 02　单击"示例提示"右侧的"查看所有"按钮，展开相应的面板，在"材质与纹理"选项区中选择"电线"示例效果，将文字设置为Firefly中的电线图案样式，效果如图6-11所示。

　　★ 专家提醒 ★

　　"电线"文字样式追求网络和连结的外观，以模仿电子设备或信息传输的特点，字母中可能会呈现出线条交错、网格状的效果，仿佛在电子世界中连接和交流。

图 6-11　将文字设置为电线图案样式

6.2.2　案例：使用气球样式制作文字效果

扫码看教学视频

"气球"样式通常使用气球形状的图案或装饰，以营造出轻快、愉悦和童趣的视觉效果。这种文字样式广泛应用于生日派对、庆祝活动、儿童品牌、节日装饰等领域。下面介绍使用"气球"制作文字效果的方法。

步骤 01 进入"文字效果"页面，在左侧文本框中输入six one，在右侧输入"气球"，单击"生成"按钮，即可生成气球填充的文字效果，如图6-12所示。

图 6-12　生成气球填充的文字效果

步骤 02 在右侧的"示例提示"选项区中，选择"气球"示例效果，将文字设置为Firefly中的气球图案样式，效果如图6-13所示。

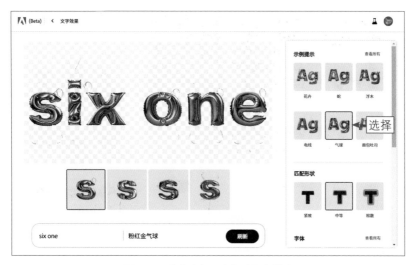

图 6-13 将文字设置为气球图案样式

★ 专 家 提 醒 ★

"气球"文字样式追求曲线和圆润的外观，以模仿气球的形状和轮廓，字母会呈现出圆润、鼓起的效果，仿佛是充满空气的气球。这种文字样式具有轻快、多彩和欢乐的特点，以鲜艳的颜色为主，表达出喜庆和欢快的情绪。

6.2.3 案例：使用塑料包装样式制作文字效果

扫码看教学视频

"塑料包装"样式通常模仿塑料包装薄膜的效果，呈现出一种透明的外观，字母可能会有一层类似于塑料薄膜的遮罩，使文字看起来仿佛被包裹在透明的塑料薄膜中。这种文字样式广泛应用于包装设计、产品标签、现代艺术和科技相关领域。下面介绍使用"塑料包装"样式制作文字效果的方法。

步骤 01 进入"文字效果"页面，在左侧和右侧文本框中均输入"保鲜膜"，单击"生成"按钮，即可生成保鲜膜填充的文字效果，并设置文字字体，效果如图6-14所示。

步骤 02 单击"示例提示"右侧的"查看所有"按钮，展开相应的面板，在"材质与纹理"选项区中选择"塑料包装"示例效果，将文字设置为Firefly中的塑料包装图案样式，效果如图6-15所示。

图 6-14　生成塑料包装填充的文字效果

图 6-15　将文字设置为塑料包装图案样式

★ 专家提醒 ★

应用"塑料包装"样式会使文字呈现出褶皱和纹理的效果，以模仿塑料薄膜的纹理和质感，以传达与包装、塑料材质和现代感相关的主题。

6.2.4　案例：使用碎玻璃样式制作文字效果

"碎玻璃"文字样式通常模仿玻璃破碎的效果，字母呈现出碎裂

扫码看教学视频

的外观，字母可能会被分割成碎片、呈断裂样或有破碎的边缘，营造出破碎玻璃的视觉效果。这种文字样式广泛应用于音乐、艺术、电影海报、独立品牌等领域。下面介绍使用"碎玻璃"样式制作文字效果的方法。

步骤 01 进入"文字效果"页面，在左侧文本框中输入"消失的她"，在右侧输入"玻璃"，单击"生成"按钮，并设置文字字体，效果如图6-16所示。

图 6-16　生成玻璃填充的文字效果

步骤 02 展开"示例提示"面板，在"材质与纹理"选项区中选择"碎玻璃"示例效果，将文字设置为Firefly中的碎玻璃图案样式，效果如图6-17所示。

图 6-17　将文字设置为碎玻璃图案样式

145

★ 专家提醒 ★

"碎玻璃"文字样式通常使用冷色调，如蓝色、青色、灰色、银色等，以增强冰冷和玻璃材质的感觉。此外，它还会使用光影效果，如反射、阴影或光斑，以增强玻璃破碎的真实感和光线效果。

6.3 使用"食品饮料"示例效果

"食品饮料"示例效果的文字样式通常使用与食物和饮品相关的图案和装饰，如面包吐司、意大利面、爆米花以及冰淇淋等，以增强与美食和饮品相关的感觉。本节主要介绍使用食物和饮料示例制作文字效果的方法。

6.3.1 案例：使用面包吐司样式制作文字效果

"面包吐司"样式通常模仿烤面包的外观，文字呈现出类似烤面包的纹理和质感。这种文字样式广泛应用于餐饮、食品、烘焙等领域。下面介绍使用"面包吐司"样式制作文字效果的方法。

扫码看教学视频

步骤 01 进入"文字效果"页面，在左侧和右侧文本框中均输入"面包"，单击"生成"按钮，即可生成相应文字效果，并设置文字字体，效果图6-18所示。

图 6-18 生成面包填充的文字效果

步骤 02 展开"示例提示"面板，在"食品饮料"选项区中选择"面包吐司"

示例效果，将文字设置为Firefly中的面包吐司图案样式，效果如图6-19所示。

图 6-19　将文字设置为面包吐司图案样式

★ 专家提醒 ★

"面包吐司"文字样式通常使用褐色和土黄色调，以突出烤面包的颜色和外观，文字会有类似面包断层的线条或纹理，营造出面包的特点。

6.3.2　案例：使用甜甜圈样式制作文字效果

"甜甜圈"样式通常以环形为特点，模仿甜甜圈的外观，通常使用糖霜装饰来增强视觉吸引力，如彩色的糖霜涂层或装饰性的糖果颗粒，以增强甜甜圈相关元素。这种文字样式广泛应用于糕点店、甜品品牌、儿童相关的设计等领域。下面介绍使用"甜甜圈"样式制作文字效果的方法。

扫码看教学视频

步骤 01 进入"文字效果"页面，在左侧和右侧的文本框中均输入"甜品"，单击"生成"按钮，即可生成甜品填充的文字效果，并选择相应的字体样式，效果如图6-20所示。

★ 专家提醒 ★

"甜甜圈"文字样式通过口感和质感的形态来强调甜甜圈的特点，文字会有类似甜甜圈的丰满和柔软的外观，或者呈现出光滑、松软的质感，增加视觉层次和触感效果，以传达与甜甜圈、甜食和甜蜜相关的主题。

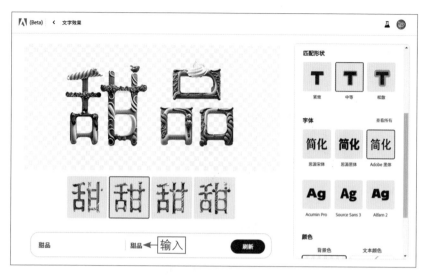

图 6-20　生成甜品填充的文字效果

步骤 02 展开"示例提示"面板，在"食品饮料"选项区中选择"甜甜圈"示例效果，将文字设置为Firefly中的甜甜圈图案样式，效果如图6-21所示，这样的文字让人看上去很有食欲。

图 6-21　将文字设置为甜甜圈图案样式

6.3.3　案例：使用爆米花样式制作文字效果

"爆米花"样式通常模仿爆米花的外观和质感，文字会呈现出类似于爆米花的形状，如球状或颗粒状。这种文字样式广泛应用于

扫码看教学视频

电影院、娱乐场所、零食品牌等。下面介绍使用"爆米花"样式制作文字效果的方法。

步骤01 进入"文字效果"页面，在左侧和右侧的文本框中均输入"小吃"，单击"生成"按钮，即可生成相应文字效果，并设置文字字体，效果如图6-22所示。

图 6-22　生成食品填充的文字效果

步骤02 展开"示例提示"面板，在"食品饮料"选项区中选择"爆米花"示例效果，或者在关键词输入框中输入popcorn（爆米花），即可将文字设置为爆米花图案样式，效果如图6-23所示。

图 6-23　将文字设置为爆米花图案样式

6.4 文字特效的典型案例（二）

通过前面知识点的学习，相信大家掌握了多种文字样式的制作方法，接下来以案例的方式向大家讲解常见文字特效的制作方法。

6.4.1 典型案例：制作冰淇淋填充文字效果

扫码看教学视频

应用冰淇淋样式的文字往往具有柔和、圆润的曲线形状，以模仿冰淇淋的柔软和丰满的外观，通常使用鲜艳、多彩的颜色，如粉红色、蓝色、黄色等，以模仿冰淇淋的色彩。这种文字样式广泛应用于甜品店、冰淇淋品牌、夏季促销活动等。下面介绍制作冰淇淋填充文字效果的方法。

步骤 01 进入"文字效果"页面，在左侧和右侧文本框中均输入ice（冰），单击"生成"按钮，即可生成冰填充的文字效果，如图6-24所示。

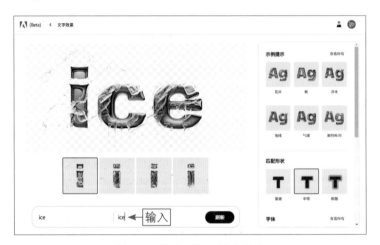

图 6-24　生成冰填充的文字效果

步骤 02 展开"字体"面板，在其中选择Cooper选项，如图6-25所示，即可将文字设置成比较丝滑的效果。

步骤 03 展开"示例提示"面板，在"食品饮料"选项区中选择"冰淇淋"示例效果，或者在关键词输入框中输入ice cream（冰淇淋），即可将文字设置为冰淇淋图案样式，效果如图6-26所示。

文字效果制作完成后，接下来我们可以将在Firefly中制作的冰淇淋文字效果应用于各种广告素材上，如图6-27所示。大家可以使用自己比较熟练的设计软件操，比如Adobe公司的Photoshop或者CorelDRAW。

图 6-25　选择 Cooper 选项

图 6-26　设置为冰淇淋图案样式

图 6-27　应用文字效果

6.4.2 典型案例：制作橙子填充文字效果

橙子文字样式会呈现出圆润、光滑的填充效果，以模仿橙子的外观，一般使用橙色调，以模仿橙子的颜色。这种文字样式广泛应用于水果品牌、夏季活动设计等。下面介绍制作橙子填充文字效果的方法。

步骤01 进入"文字效果"页面，在左侧和右侧的文本框中均输入fruit（水果），单击"生成"按钮，即可生成水果填充的文字效果，如图6-28所示。

图 6-28　生成水果填充的文字效果

步骤02 在"匹配形状"选项区中，选择"松散"选项，为文本应用宽松效果，如图6-29所示。

图 6-29　应用文本的宽松效果

步骤03 展开"示例提示"面板，在"食品饮料"选项区中选择"橙子"示例效果，或者在关键词输入框中输入orange（橙子），将文字设置为Firefly中的橙子图案样式，效果如图6-30所示。

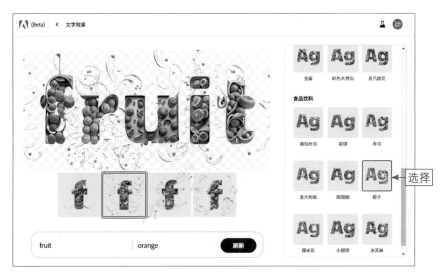

图 6-30　设置为橙子图案样式

文字效果制作完成后，接下来我们可以将在Firefly中制作的橙子文字效果应用于各种素材上，效果如图6-31所示。

图 6-31　应用文字效果

6.4.3　典型案例：制作彩色大理石文字效果

彩色大理石样式通常具有类似大理石的纹理效果，文字会有大理石独特的纹路和花纹，模仿大理石表面的纹理变化，颜色比较丰富，

扫码看教学视频

153

以模仿彩色大理石的外观，营造出丰富多样的色彩效果。这种文字样式广泛应用于奢侈品品牌、装饰设计、室内设计等。下面介绍制作彩色大理石文字效果的方法。

步骤 01 进入"文字效果"页面，在左侧和右侧文本框中均输入"幸福家装"，单击"生成"按钮，即可生成大理石填充的文字效果，如图6-32所示。

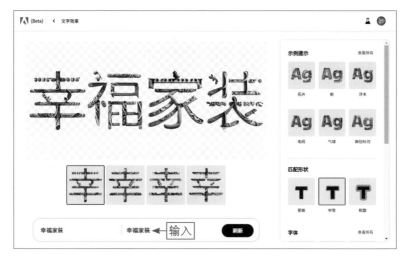

图 6-32　生成大理石填充的文字效果

步骤 02 展开"示例提示"面板，在"材质与纹理"选项区中选择"彩色大理石"示例效果，将文字设置为Firefly中的彩色大理石图案样式，效果如图6-33所示。

图 6-33　设置为彩色大理石图案样式

　　文字效果制作完成后，接下来我们可以将在Firefly中制作的彩色大理石文字效果应用于各种素材上，效果如图6-34所示。

图 6-34　应用文字效果

6.4.4　典型案例：制作冰柱填充文字效果

　　冰柱样式通常具有冰冷的外观，以模仿冰柱的特性，文字会呈现出冰冷的色调，如蓝色、白色或银色，给人一种冷冽的感觉。这种样式广泛应用于冬季主题设计、节日装饰、冰雪景观等领域。下面介绍制作冰柱文字效果的方法。

扫码看教学视频

　　步骤01 进入"文字效果"页面，在左侧和右侧的文本框中均输入snow（雪），单击"生成"按钮，即可生成相应的文字效果，如图6-35所示。

图 6-35　生成相应的文字效果

步骤02 单击"示例提示"右侧的"查看所有"按钮，展开相应的面板，在"自然"选项区中选择"冰柱"示例效果，将文字设置为冰柱图案样式，效果如图6-36所示。冰柱文字样式追求透明和冰晶的效果，以呈现出冰柱的透明度和光泽，这种文字样式常使用与冰雪相关的装饰元素，如雪花、冰晶等，以增强冬季氛围。

图 6-36 设置为冰柱图案样式

文字效果制作完成后，接下来我们可以将在Firefly中制作的冰柱文字效果应用于各种素材上，效果如图6-37所示。

图 6-37 应用文字效果

6.4.5　典型案例：制作寿司填充文字效果

寿司文字样式通常带有日本元素、温暖的色调、温和的曲线和简约的效果，这种文字样式广泛应用于寿司餐厅的标志、食品包装设计、日本文化相关活动等。下面介绍制作寿司文字效果的方法。

步骤01 进入"文字效果"页面，在左侧和右侧的文本框中均输入simple（简），单击"生成"按钮，即可生成相应的文字效果，如图6-38所示。

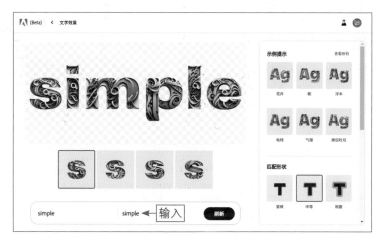

图 6-38　生成相应的文字效果

步骤02 单击"示例提示"右侧的"查看所有"按钮，展开相应的面板，在"食品饮料"选项区中选择"寿司"示例效果，将文字设置为Firefly中的寿司图案样式，效果如图6-39所示。

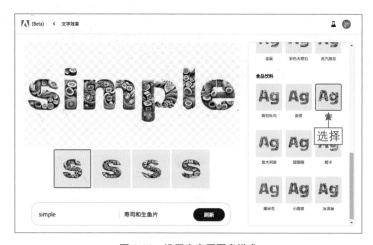

图 6-39　设置为寿司图案样式

文字效果制作完成后，接下来我们可以将在Firefly中制作的寿司文字效果应用于各种素材上，效果如图6-40所示。

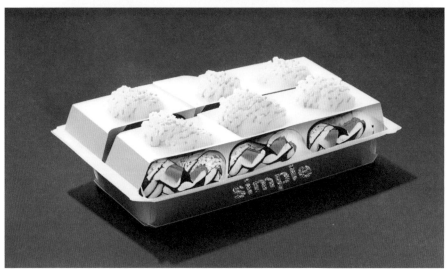

图 6-40　应用文字效果

本章小结

本章主要介绍了多种文字示例效果的应用，如花卉样式、丛林藤蔓样式、岩浆样式、蛇形样式、电线样式、气球样式、塑料包装样式、碎玻璃样式、面包吐司样式、甜甜圈样式以及爆米花样式等，然后通过5个典型案例的制作，详细讲解了文字特效的应用方法，读者学完以后可以创作出丰富多彩的文字效果。

课后习题

鉴于本章知识的重要性，为了帮助读者更好地掌握所学知识，本节将通过上机习题，帮助读者进行简单的知识回顾和补充。

本习题需要掌握制作"意大利面"文字效果的方法，效果如图6-41所示。

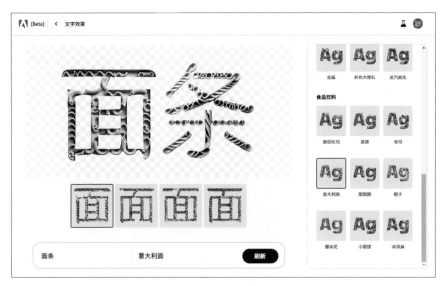

图 6-41　文字效果

第 7 章　矢量着色：生成图像颜色变化

Firefly 的"创意重新着色"功能可以对 SVG（Scalable Vector Graphics）文件的矢量
图形进行重新着色，生成矢量艺术品的颜色变化。本章主要讲解为矢量图形重新着色的操作
方法，希望读者熟练掌握本章内容。

7.1 使用示例提示进行矢量着色

在矢量着色中，"示例提示"通常用于生成样本颜色或设计，这些示例提示用来指导生成模型的输入，以产生具有期望特征或风格的输出图像。通过提供不同的示例提示，可以引导Firefly将矢量图形生成多样化的颜色效果。示例提示在图形颜色中起到指导和刺激生成过程的作用，帮助矢量图形生成与示例提示相似或相关的颜色。本节主要介绍使用示例提示进行矢量着色的方法。

7.1.1 案例：使用三文鱼寿司样式着色图形

"三文鱼寿司"的主要颜色是橙色或粉红色，这种颜色与新鲜的三文鱼肉的色调相对应，它呈现出柔和而温暖的外观。它的颜色也不是单一的纯色，而是由混合色调组成，包括橙色、粉红色和略带黄色或白色的斑点或条纹。下面介绍使用"三文鱼寿司"样式着色SVG矢量图形的操作方法。

扫码看教学视频

步骤01 进入Adobe Firefly（Beta）主页，在"创意重新着色"选项区中单击"生成"按钮，如图7-1所示。

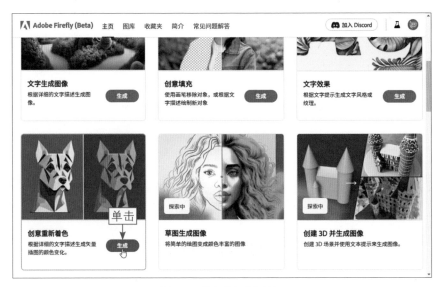

图 7-1 单击"生成"按钮

步骤02 执行操作后，进入"创意重新着色"页面，单击"上传SVG"按钮，如图7-2所示。

图 7-2　单击"上传 SVG"按钮

步骤 03 弹出"打开"对话框，在其中选择一个SVG文件，如图7-3所示。

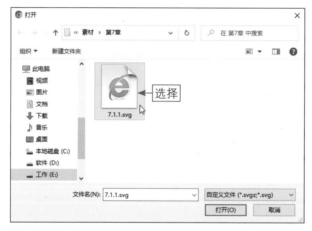

图 7-3　选择一个 SVG 文件

步骤 04 单击"打开"按钮，即可上传SVG文件，在右侧的文本框中输入"绿色渐变"，单击"生成"按钮，如图7-4所示。

图 7-4　单击"生成"按钮

步骤05 即可将洋红色的企业标志图形重新着色为绿色渐变，如图7-5所示。

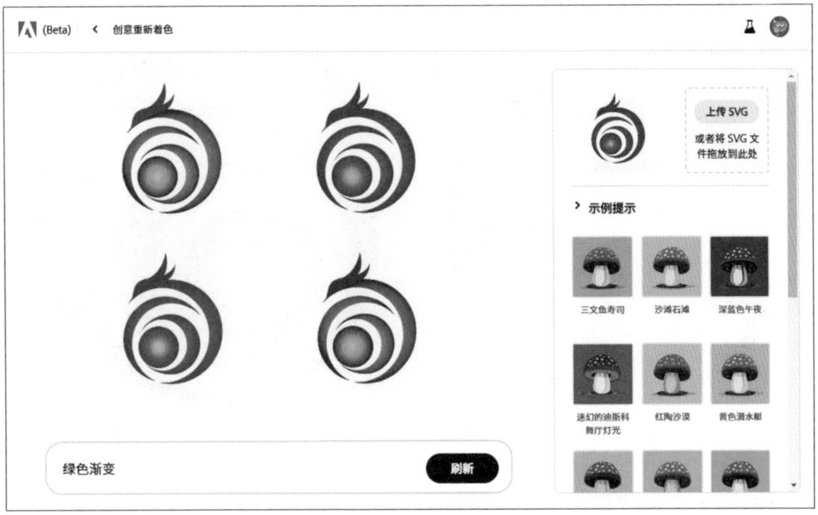

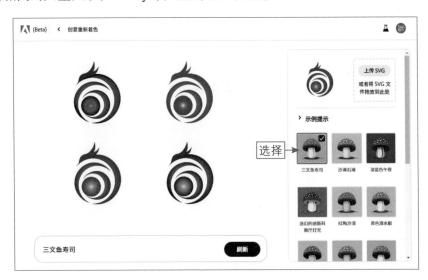

图 7-5　重新着色为绿色渐变

步骤06 在右侧的"示例提示"选项区中，选择"三文鱼寿司"样式，即可将企业标志更改为三文鱼寿司的色调，如图7-6所示。用户需要注意的是，即使上传相同的矢量图形，Firefly每次生成的图形颜色也不一样。

图 7-6　更改为三文鱼寿司的色调

步骤07 下载相应的企业标志，放大预览图片，查看重新着色后的矢量图形，效果如图7-7所示，图形呈现出红色和橙色调。

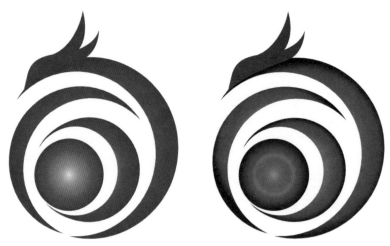

图 7-7　预览重新着色后的矢量图形

7.1.2　案例：使用沙滩石滩样式着色图形

扫码看教学视频

　　"沙滩石滩"通常以中性色为主，如米色、灰色、棕色等，这些中性色模拟了海滩上的沙石颜色，给人一种自然而柔和的感觉。下面介绍使用"沙滩石滩"样式着色SVG矢量图形的操作方法。

　　步骤01 进入"创意重新着色"页面，单击"上传SVG"按钮，上传一个SVG文件，在右侧文本框中输入"沙石颜色"，单击"生成"按钮，如图7-8所示。

生成矢量插图的颜色变化

要开始使用，请选择一个示例资源或上传 SVG 文件

图 7-8　单击"生成"按钮

　　步骤02 执行操作后，即可生成沙石颜色的矢量图形，如图7-9所示。

　　步骤03 在右侧的"示例提示"选项区中，选择"沙滩石滩"样式，即可将棒棒糖图形更改为沙滩石滩的色调，如图7-10所示。

　　步骤04 放大预览矢量图形的色调，效果如图7-11所示。除了中性色，沙滩石滩的色调中还包含柔和的蓝色，这是为了表现出海水的颜色，将海滩与海洋环境相连接，沙滩石滩的色调会因为插画不同而有所变化。

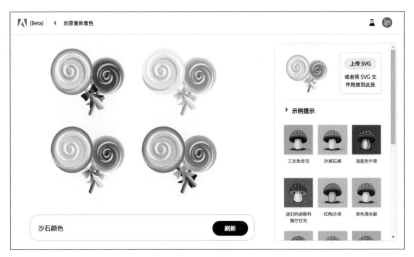

图 7-9　生成沙石颜色的矢量图形

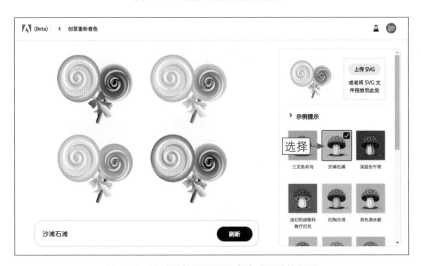

图 7-10　将棒棒糖图形更改为沙滩石滩的色调

图 7-11　放大预览矢量图形的色调

7.1.3 案例：使用深蓝色午夜样式着色图形

扫码看教学视频

"深蓝色午夜"主要使用深蓝色，给人一种深沉和神秘的感觉。深蓝色通常具有较低的饱和度，即颜色的纯度较低，不会给人过于刺眼或过于鲜艳的感觉。下面介绍使用"深蓝色午夜"样式着色SVG矢量图形的操作方法。

步骤 01 在上一例的基础上，在页面右侧单击"上传SVG"按钮，上传一个SVG文件，如图7-12所示。

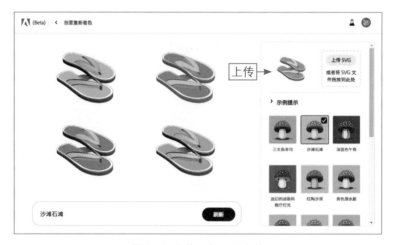

图 7-12 上传一个 SVG 文件

步骤 02 在右侧的"示例提示"选项区中，选择"深蓝色午夜"样式，即可将矢量图形更改为"深蓝色午夜"的色调，如图7-13所示。

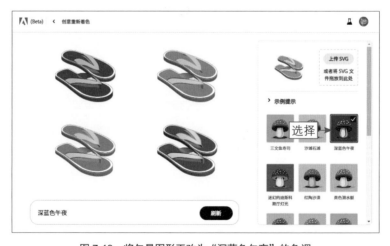

图 7-13 将矢量图形更改为"深蓝色午夜"的色调

步骤03 放大预览矢量图形的颜色，图形呈浅蓝和深蓝色调，效果如图7-14所示。

图 7-14 放大预览矢量图形的色调

7.1.4 案例：使用鲜艳的颜色样式着色图形

扫码看教学视频

"迷幻的迪斯科舞厅灯光"通常会使用鲜艳明亮的颜色，如红色、绿色、蓝色、黄色等，这些颜色能够吸引眼球，并在黑暗的环境中产生强烈的视觉效果，颜色之间也具有高对比度，以增加视觉冲击力。下面介绍使用"迷幻的迪斯科舞厅灯光"样式着色SVG矢量图形的操作方法。

步骤01 在上一例的基础上，在页面右侧单击"上传SVG"按钮，上传一个SVG文件，原图为黄色调，如图7-15所示。

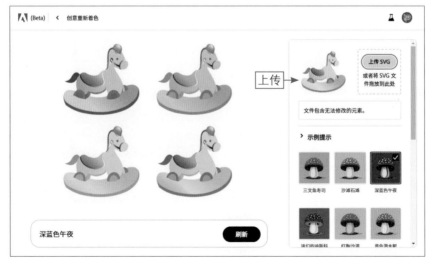

图 7-15 上传一个 SVG 文件

167

步骤02 在右侧的"示例提示"选项区中，选择"迷幻的迪斯科舞厅灯光"样式，即可将矢量图形更改为颜色鲜艳的"迷幻的迪斯科舞厅灯光"色调，如图7-16所示，画面中有粉红色、绿色等鲜艳的颜色，营造出了梦幻的图形视觉。

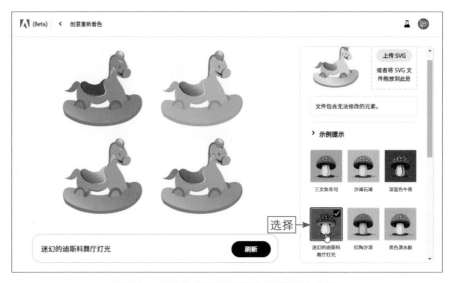

图 7-16　更改为"迷幻的迪斯科舞厅灯光"色调

步骤03 放大预览矢量图形的颜色，图形呈粉红和绿色色调，效果如图7-17所示。

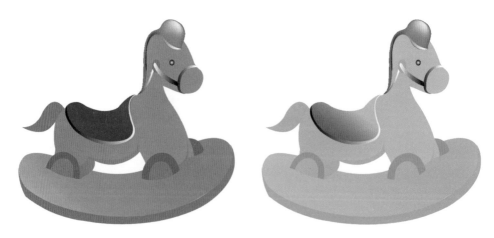

图 7-17　放大预览矢量图形的颜色

7.1.5　案例：使用薰衣草风浪样式着色图形

　　"薰衣草风浪"主要使用淡紫色这种类似于薰衣草花朵的颜色，给人一种柔和、浪漫的视觉感受，可以营造出轻松、宁静的氛围。下面介绍使用"薰衣草风浪"样式着色SVG矢量图形的操作方法。

　　步骤01 在上一例的基础上，在页面右侧单击"上传SVG"按钮，上传一个SVG文件，原图为橘黄色调，如图7-18所示。

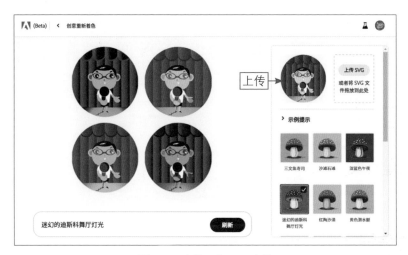

图 7-18　上传一个 SVG 文件

　　步骤02 在右侧的"示例提示"选项区中，选择"薰衣草风浪"样式，即可将矢量图形更改为薰衣草的色调，如图7-19所示。

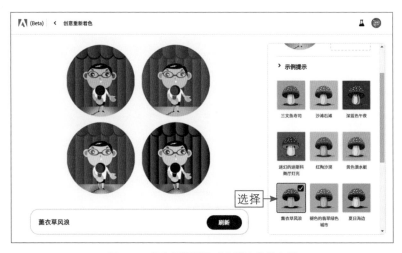

图 7-19　将矢量图形更改为薰衣草的色调

步骤 03 放大预览矢量图形的颜色呈紫色色调，效果如图7-20所示。

图 7-20 放大预览矢量图形的颜色

7.2 设置和谐的矢量图形色彩

"和谐"列表框中包含了多种图形样式，它强调各个元素之间的平衡、协调和统一，各个元素在布局上均匀分布，整个图形给人一种稳定和谐的感觉。本节主要介绍为矢量图形设置相应"和谐"样式的方法。

7.2.1 案例：使用互补色样式处理图形

扫码看教学视频

互补色是指位于彩色光谱相对位置的颜色，它们相互补充并形成最大的对比度。在互补色的和谐样式中，通常使用两个相对位置的互补色，使它们相互平衡和协调。下面介绍使用互补色样式处理图形的方法。

步骤 01 在"创意重新着色"页面中单击"上传SVG"按钮，上传一个SVG文件，并将图形设置为"三文鱼寿司"色调，如图7-21所示。

步骤 02 在右侧的"和谐"下拉列表框中选择"互补色"选项，如图7-22所示，通过使用互补色为图形创造视觉上的平衡。

步骤 03 放大预览矢量图形，可以看到左侧图形中的红色与绿色是互补色，右侧图形中的蓝色与橙色是互补色，如图7-23所示，画面的颜色更加协调、统一。

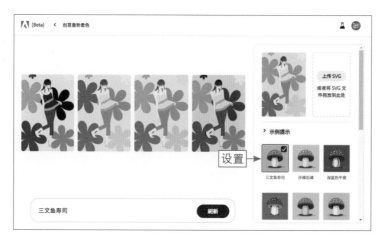

图 7-21　上传一个 SVG 文件并设置色调

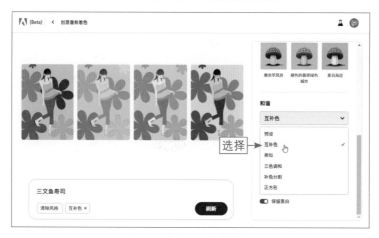

图 7-22　选择"互补色"选项

图 7-23　放大预览矢量图形

7.2.2 案例：使用类似色样式处理图形

类似色是指位于彩色光谱相邻位置的颜色，它们在色轮上靠近彼此。在类似色的和谐样式中，通常使用相邻的颜色进行调色，使用彼此相近的颜色来营造平衡、协调的图形效果。下面介绍使用类似色样式处理图形的方法。

步骤 01 在"创意重新着色"页面中单击"上传SVG"按钮，上传一个SVG文件，如图7-24所示。

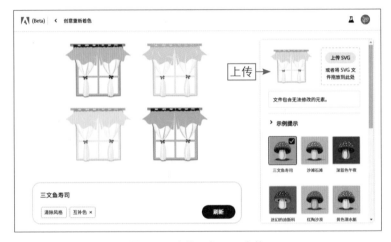

图 7-24 上传一个 SVG 文件

步骤 02 在右侧的"和谐"下拉列表框中选择"类似"选项，如图7-25所示，通过使用类似色形成和谐的整体效果。

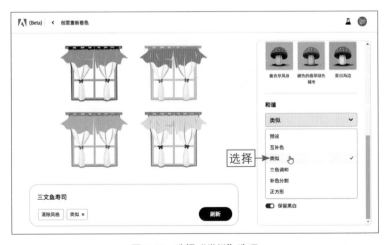

图 7-25 选择"类似"选项

步骤 03 放大预览矢量图形，可以看到左侧图形中的橘红色与粉红色是类似色，右侧图形中的土黄色与淡黄色是类似色，如图7-26所示。

图 7-26　放大预览矢量图形

7.2.3　案例：使用三色调和样式处理图形

在色轮上，"三色调和"通常是以等距离分布的三个颜色形成的。最常见的"三色调和"是等边三角形三个角位置的三个颜色，例如红色、黄色和蓝色，或者橙色、绿色和紫色。使用三种相互等距离分布的颜色，可以形成一个平衡、协调的色彩组合。下面介绍使用"三色调和"样式处理图形的方法。

扫码看教学视频

步骤 01 在"创意重新着色"页面中单击"上传SVG"按钮，上传一个SVG文件，如图7-27所示。

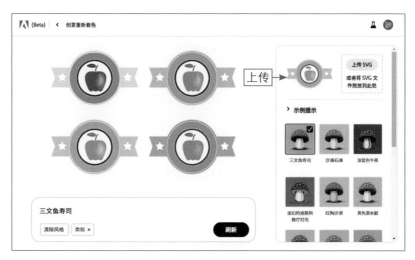

图 7-27　上传一个 SVG 文件

步骤02 在右侧的"和谐"下拉列表中选择"三色调和"选项，如图7-28所示，通过三种颜色的组合，使矢量图的配色形达到视觉上的平衡。

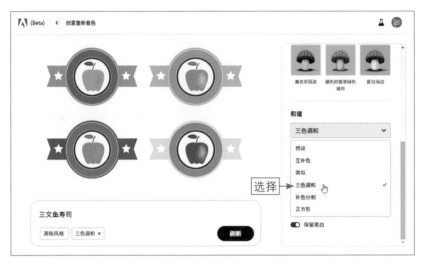

图 7-28　选择"三色调和"选项

步骤03 放大预览矢量图形，就会发现合理使用三种颜色的比例和分布，可以创造出引人注目的图形效果，如图7-29所示。

图 7-29　放大预览矢量图形

7.3 为矢量图形指定固定色彩

在"创意重新着色"页面中，用户不仅可以使用示例提示中的颜色样本对矢量图形重新着色，还可以指定某一种或多种颜色来为矢量图形上色。本节主要介绍通过指定固定色彩为矢量图形重新着色的方法。

7.3.1　案例：使用渐变颜色处理图形

在Firefly中，可以为矢量图形填充渐变色，具体操作方法如下。

步骤01 进入"创意重新着色"页面，单击"上传SVG"按钮，上传一个SVG文件，在右侧的文本框中输入"渐变色"，单击"生成"按钮，生成填充渐变色的矢量图形，如图7-30所示。

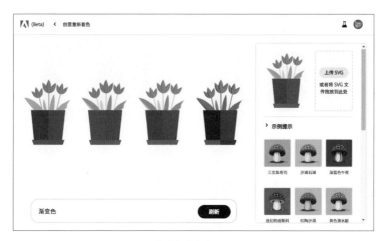

图 7-30　生成渐变色色调的矢量图形

步骤02 在"和谐"下拉列表框的下方，单击浅紫色色块，即可为矢量图形填充浅紫色的渐变效果，如图7-31所示。

图 7-31　填充浅紫色的渐变

步骤03 放大预览矢量图形，可以看到图形中的紫色从深到浅，极具层次感，如图7-32所示。

图 7-32　放大预览矢量图形

7.3.2　案例：使用多个颜色处理图形

扫码看教学视频

用户不仅可以为矢量图形填充单个的渐变色，还可以指定多种颜色对矢量图形进行上色处理，具体操作步骤如下。

步骤 01 进入"创意重新着色"页面，单击"上传SVG"按钮，上传一个SVG文件，在文本框中输入"渐变色"，单击"生成"按钮，生成填充渐变色的矢量图形，如图7-33所示。

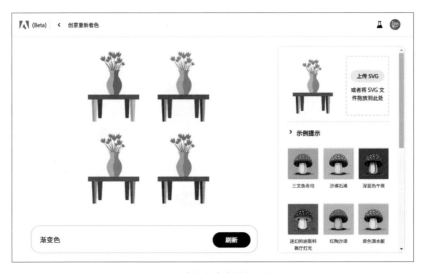

图 7-33　填充渐变色的矢量图形

步骤 02 在"和谐"下拉列表框的下方，单击绿色和鲜红色色块，即可将矢量图形设置为绿色和鲜红色的填充效果，如图7-34所示。

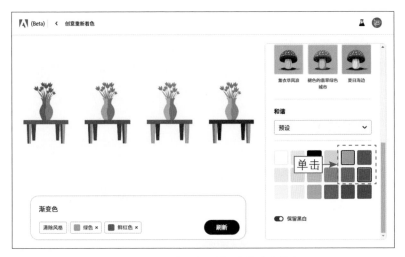

图 7-34　设置为绿色和鲜红色的填充效果

步骤 03 放大预览矢量图形，可以看到其中包含鲜红色和绿色，效果如图7-35所示。

图 7-35　放大预览矢量图形

7.4　图形着色的典型案例

通过前面知识点的学习，相信大家掌握了多种矢量图形着色的操作方法，接下来以案例的方式向大家讲解矢量图形着色的典型案例。

7.4.1 典型案例：为风景图形重新着色

扫码看教学视频

在插画和平面设计中，风景图形可以为作品增添趣味和视觉吸引力，比如书籍封面、海报以及广告设计。下面介绍为风景图形重新着色的方法。

步骤01 进入"创意重新着色"页面，单击"上传SVG"按钮，上传一个SVG文件，在文本框中输入"自然色"，单击"生成"按钮，生成填充自然色调的矢量图形，如图7-36所示。

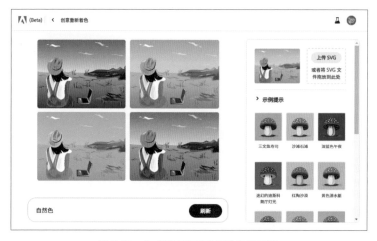

图 7-36　生成填充自然色调的矢量图形

步骤02 在右侧的"示例提示"选项区中，选择"黄色潜水艇"样式，即可将矢量图形更改为黄色潜水艇的色调，如图7-37所示。

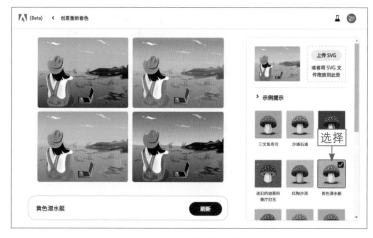

图 7-37　更改为黄色潜水艇的色调

步骤 03 放大预览风景图形的颜色，其中的人物和草地呈黄色调，天空呈蓝色调，打造出了一幅秋景，效果如图7-38所示。

图 7-38 放大预览风景图形的颜色

7.4.2 典型案例：为商品图形重新着色

在设计商品图形的过程中，有时我们需要呈现出商品的不同色调，此时可以在Firefly中为图形进行重新着色。下面介绍为商品图形重新着色的方法。

扫码看教学视频

步骤 01 进入"创意重新着色"页面，单击"上传SVG"按钮，上传一个SVG文件，在文本框中输入"深色"，单击"生成"按钮，生成相应的填充颜色，如图7-39所示。

图 7-39 生成相应的填充颜色

步骤02 在右侧的"示例提示"选项区中，选择"三文鱼寿司"样式，即可将商品图形更改为三文鱼寿司的色调，如图7-40所示。

图 7-40　更改为三文鱼寿司的色调

步骤03 在右侧的"和谐"下拉列表框中选择"类似"选项，在下方单击鲜红色色块，表示为图形生成鲜红色的类似色，如图7-41所示。

图 7-41　为图形生成鲜红色的类似色

步骤04 放大预览商品图形的颜色，效果如图7-42所示。

图 7-42　放大预览商品图形的颜色

7.4.3　典型案例：为人物图形重新着色

人物图形可以用于广告和营销活动中，作为形象代言人或故事角色，吸引目标受众的注意力，不同颜色的人物图形呈现出来的感觉不一样。下面介绍为人物图形重新着色的方法，调出我们喜欢的色彩。

扫码看教学视频

步骤 01　进入"创意重新着色"页面，单击"上传SVG"按钮，上传一个SVG文件，在文本框中输入"海边的夏天"，单击"生成"按钮，为图形生成相应的颜色，如图7-43所示。

图 7-43　为图形生成相应的颜色

步骤 02　在"和谐"下拉列表框的下方，单击鲜红色和浅紫色色块，如图7-44所示，将人物图形背景效果设置为鲜红色和浅紫色。

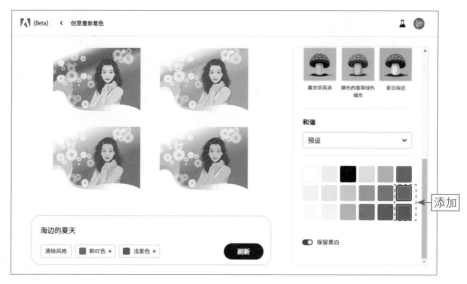

图 7-44　将背景效果设置为鲜红色和浅紫色

步骤 03 放大预览人物图形的颜色，这种组合色调给人一种青春、有活力的视觉感受，效果如图7-45所示。

图 7-45　放大预览人物图形的颜色

7.4.4　典型案例：为手提袋图形重新着色

手提袋图形可以用于品牌推广，商家可以在手提袋上印刷或绘制自己的品牌标志、商标、名称或广告信息，将其作为行走的广告展示给公众，这有助于提高品牌的知名度和认可度。下面介绍为手提袋图形重新着色的方法。

扫码看教学视频

步骤 01 进入"创意重新着色"页面，单击"上传SVG"按钮，上传一个 SVG文件，并为其设置"深蓝色午夜"颜色样式，生成的图形效果如图7-46所示。

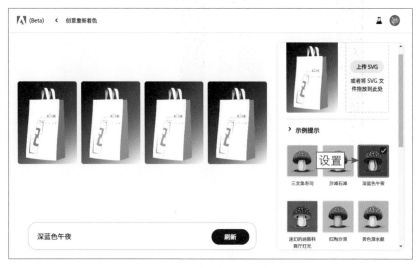

图 7-46　生成的图形效果

步骤 02 在右侧的"和谐"下拉列表中选择"类似"选项，在下方单击天蓝色色块，表示为图形生成天蓝色的类似色，如图7-47所示。

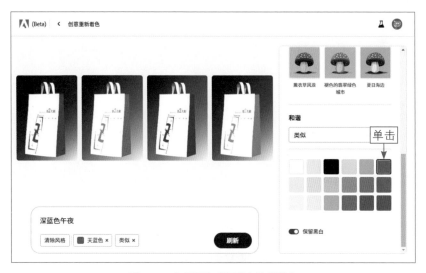

图 7-47　为图形生成天蓝色的类似色

步骤 03 放大预览手提袋图形的颜色，蓝色是一种冷色调，给人一种冷静、高贵的视觉感受，效果如图7-48所示。

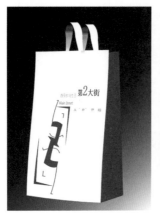

图 7-48　放大预览手提袋图形的颜色

★ 专家提醒 ★

　　需要注意的是，蓝色的视觉感受因其不同的色调和饱和度而有所差异，视觉感受因个人的文化、经验和情感背景而有所不同，不同的人可能对蓝色产生不同的联想和情绪反应。此外，蓝色的具体应用和环境也会影响人们对它的视觉感受。

本章小结

　　本章主要介绍了矢量图形的多种着色技巧，首先介绍了如何使用示例提示进行矢量着色，然后介绍了如何设置和谐的矢量图形色彩，接下来介绍了如何为矢量图形指定固定色彩，最后通过4个典型案例结合前面所学知识详细讲解为矢量图形着色的方法，读者学完以后可以举一反三，为矢量图形创作出更多精彩的色调。

课后习题

　　鉴于本章知识的重要性，为了帮助读者更好地掌握所学知识，本节将通过上机习题，帮助读者进行简单的知识回顾和补充。

　　本习题需要掌握为企业标识重新着色的方法，素材与效果如图7-49所示。

图 7-49　素材与效果

第 8 章　Firefly 扩展：Photoshop AI 工具的运用

随着 Adobe Photoshop 25.0（Beta）版的推出，集成了更多的 AI 功能，其中最强大的就是"创成式填充"功能，该功能就是 Firefly 在 Photoshop 中的实际应用，让这一代 Photoshop 成为创作者和设计师不可或缺的工具。本章主要介绍使用 Photoshop 的"创成式填充"功能进行 AI 绘画创作的方法。

8.1 掌握创成式填充的绘画功能

"创成式填充"功能的原理其实就是利用AI绘画技术,在原有图像上绘制新的图像,或者扩展原有图像的画布生成更多的图像内容,同时还可以进行智能化的修图处理。本节主要介绍利用Photoshop(简称PS)的"创成式填充"功能进行AI绘画的操作方法。

8.1.1 案例:扩展图像的画布内容

在PS中扩展图像的画布后,使用"创成式填充"功能可以自动填充空白的画布区域,生成与原图像对应的内容,具体操作步骤如下。

扫码看教学视频

步骤01 单击"文件"|"打开"命令,打开一张素材图片,如图8-1所示。

步骤02 选取工具箱中的裁剪工具 ,此时图像四周出现控制框,向左拖曳左侧中间的控制柄,扩展图像左侧的画面内容,如图 8-2 所示,按【Enter】键确认。

图 8-1 打开一张素材图片

图 8-2 扩展图像左侧的画面内容

★ 专家提醒 ★

"创成式填充"功能利用先进的 AI 算法和图像识别技术,能够自动从周围的环境中推断出缺失的图像内容,并智能地进行填充。"创成式填充"功能使得移除不需要的元素或补全缺失的图像部分变得更加容易,节省了用户大量的时间和精力。

$\boxed{步骤\ 03}$ 选取工具箱中的矩形选框工具 $\square$，通过鼠标拖曳的方式，在图像左侧创建一个矩形选区，在浮动工具栏中单击"创成式填充"按钮，如图8-3所示。

$\boxed{步骤\ 04}$ 在浮动工具栏中单击"生成"按钮，即可在空白的画布中生成相应的图像内容，且能够与原图像无缝融合，效果如图8-4所示。

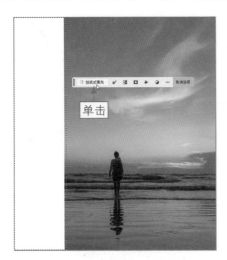

图 8-3　单击"创成式填充"按钮

图 8-4　生成相应的图像内容

8.1.2　案例：去除图像中多余的元素

使用PS的"创成式填充"功能可以一键去除图像中的杂物或任何不想要的元素，它是通过AI绘画的方式来填充要去除元素的区域的，而不是过去的"内容识别"或"近似匹配"方式，因此填充效果要更好，具体操作步骤如下。

扫码看教学视频

$\boxed{步骤\ 01}$ 选择"文件"|"打开"命令，打开一张素材图片，如图8-5所示。

$\boxed{步骤\ 02}$ 选取工具箱中的套索工具 $\wp$，如图8-6所示。

图 8-5　打开素材图片

图 8-6　选取套索工具

步骤 **03** 运用套索工具 ♀在画面中的烟花周围按住鼠标左键拖曳，框住画面中的烟花元素，释放鼠标左键，即可创建一个不规则的选区，如图8-7所示。

步骤 **04** 在下方的浮动工具栏中单击"创成式填充"按钮，然后单击"生成"按钮，如图8-8所示。

图 8-7　框住画面中的烟花元素　　　　　　图 8-8　单击"生成"按钮

步骤 **05** 执行操作后，即可去除选区中的烟花元素，效果如图8-9所示。

图 8-9　最终效果

8.1.3　案例：给出提示生成新的图像

使用PS的"创成式填充"功能可以在照片的局部区域进行AI绘画操作，用户只需在画面中框选某个区域，然后输入想要生成的内容关键词（必须为英文），即可生成对应的图像内容，具体操作步骤如下。

扫码看教学视频

步骤 01 单击"文件"|"打开"命令，打开一张素材图片，如图8-10所示。

步骤 02 运用套索工具 $\mathcal{Q}$ 创建一个不规则的选区，如图8-11所示。

图 8-10　打开一张素材图片

图 8-11　创建一个不规则的选区

步骤 03 在下方的浮动工具栏中单击"创成式填充"按钮，在浮动工具栏左侧的输入框中输入关键词"一只猫"，单击"生成"按钮，如图8-12所示。

步骤 04 稍等片刻，即可生成相应的图像，效果如图8-13所示。注意，即使使用的是相同的关键词，PS的"创成式填充"功能每次生成的图像效果都不一样。

图 8-12　单击"生成"按钮

图 8-13　生成相应的图像效果

步骤 **05** 在生成式图层的"属性"面板中，在"变化"选项区中选择相应的图像，如图8-14所示。

步骤 **06** 执行操作后，即可改变画面中生成的图像，效果如图8-15所示。

图 8-14　选择相应的图像

图 8-15　最终效果

8.2　应用 PS "创成式填充" 功能的典型案例

有了"创成式填充"功能这种强大的PS AI工具，用户可以充分将创意与技术进行结合，并将图像的视觉冲击力发挥到极致。本节以案例的形式介绍PS "创成式填充"功能的实际应用，帮助用户更好地掌握该功能。

8.2.1　典型案例：生成一张山水风景图

在没有任何图片参照的情况下，我们只需要输入相应的关键词，即可使用PS AI生成一张完美的山水风景图，具体操作步骤如下。

扫码看教学视频

步骤 **01** 选择"文件"|"新建"命令，弹出"新建文档"对话框，在右侧设置"宽度"为16厘米、"高度"为12厘米，单击"创建"按钮，如图8-16所示。

步骤 **02** 执行操作后，即可创建一个空白的图像文件，在工具箱中选取矩形选框工具，通过鼠标拖曳的方式，在空白图像中创建一个矩形选区，如图8-17所示。

图 8-16　单击"创建"按钮

步骤 03 在下方的浮动工具栏中单击"创成式填充"按钮，在浮动工具栏左侧的输入框中输入关键词"山脉"，单击"生成"按钮，如图8-18所示。

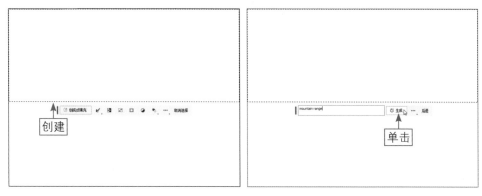

图 8-17　创建一个矩形选区　　　　　图 8-18　单击"生成"按钮

步骤 04 稍等片刻，即可生成相应的山脉图像，效果如图8-19所示。

步骤 05 使用矩形选框工具在图像下方的空白区域创建一个矩形选区，在浮动工具栏中单击"创成式填充"按钮，在浮动工具栏左侧输入关键词"倒影"，单击"生成"按钮，如图8-20所示。

步骤 06 稍等片刻，即可生成图像的倒影，效果如图8-21所示。

图 8-19　生成山脉图像

图 8-20　单击"生成"按钮

步骤 07 使用裁剪工具 ⛏ 将照片裁剪成一张三分线的构图效果，使天空占画面上三分之二，水面倒影占画面下三分之一，如图8-22所示。

图 8-21　生成图像的倒影

图 8-22　使用裁剪工具裁剪图像

步骤 08 在裁剪框内双击，确认裁剪操作，图像效果如图8-23所示。

图 8-23　最终效果

8.2.2 典型案例：去除风光照片中的路人

有时候我们拍摄的风光照片中有人路过，路人可能会成为画面中的突兀元素，分散观众对风光本身的注意力，降低画面的整体效果。下面介绍去除风光照片中的路人的方法，具体操作步骤如下。

步骤01 选择"文件"|"打开"命令，打开一张素材图片，如图8-24所示。

步骤02 运用套索工具 在人物位置创建一个不规则的选区，如图8-25所示。

图 8-24 打开一张素材图片

图 8-25 创建一个不规则的选区

步骤03 在下方的浮动工具栏中单击"创成式填充"按钮，然后单击"生成"按钮，如图8-26所示。

步骤04 执行操作后，即可去除选区中的路人元素，效果如图8-27所示。

图 8-26 单击"生成"按钮

图 8-27 最终效果

★ 专 家 提 醒 ★

去除画面中的路人后，风景照片看上去更加干净、整洁，将观众的视线吸引到了正前方的山脉和雪山上，整个画面更具有吸引力，场景更加震撼。

8.2.3 典型案例：画出公路上的黄色道路线

黄色道路线通常用于指示车辆的行驶方向、划分车道和指示交通流向，缺乏黄色道路线可能会导致车辆驾驶员在道路上感到困惑，尤其是在复杂的路口或交叉路口，可能会增加驾驶的困难和风险。下面介绍画出公路上的黄色道路线的操作方法。

步骤01 选择"文件"|"打开"命令，打开一张素材图片，如图8-28所示。

步骤02 运用套索工具 ♀ 在图像中的相应位置创建一个不规则的选区，在下方的浮动工具栏中单击"创成式填充"按钮，如图8-29所示。

图 8-28 打开一张素材图片

图 8-29 单击"创成式填充"按钮

步骤03 在浮动工具栏左侧输入关键词"黄色道路线"，单击"生成"按钮，如图8-30所示。

步骤04 执行操作后，即可在图像中生成一条黄色道路线，效果如图8-31所示。

图 8-30 单击"生成"按钮

图 8-31 最终效果

8.2.4　典型案例：替换天空生成蓝天和白云

　　蓝天和白云是大自然的元素之一，它们能够给照片带来一种轻松和愉悦的感觉，如果没有它们，照片会显得平淡无奇，缺乏层次感。下面介绍给风景照片换天的方法，换成带有蓝天和白云的天空，具体操作步骤如下。

步骤01　选择"文件"|"打开"命令，打开一张素材图片，如图8-32所示。

步骤02　在菜单栏中，选择"选择"|"天空"命令，如图8-33所示。

图 8-32　打开一张素材图片

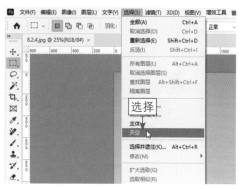

图 8-33　选择"天空"命令

步骤03　执行操作后，即可快速创建天空部分的选区，如图8-34所示。

步骤04　在下方的浮动工具栏中单击"创成式填充"按钮，在浮动工具栏左侧输入关键词"蓝天白云"，单击"生成"按钮，如图8-35所示。

步骤05　执行操作后，即可生成带有蓝天和白云的天空，如图8-36所示。我们可以看到照片中的蓝天和白云已经很漂亮了，但地景有部分缺失，此时需要进行相应完善处理。

图 8-34　快速创建天空部分的选区

图 8-35　单击"生成"按钮

步骤06 在"图层"面板中，选择"背景"图层，选择"选择"|"天空"命令，再次为天空部分创建选区；选择"选择"|"反选"命令，反选地景区域；按【Ctrl+J】组合键，复制选区内容，得到"图层1"图层；将"图层1"图层移至面板的最上方，如图8-37所示。

图 8-36　生成带有蓝天白云的天空

图 8-37　移至面板的最上方

★ 专 家 提 醒 ★

蓝天和白云能够为照片增加鲜明的色彩对比，尤其是在阳光明媚的天气下，它们可以与其他元素形成鲜明的对比，使照片更加吸引人。

步骤07 执行上述操作后，即可完善图像画面，得到一张唯美的带有蓝天和白云的风光照，效果如图8-38所示。

图 8-38　最终效果

8.2.5　典型案例：快速更换人物的背景

扫码看教学视频

如果人物照片的背景比较单调，缺乏美观性，此时可以在PS中快速更换人物的背景，想要什么样的背景就生成什么样的背景，具体操作步骤如下。

步骤 01 选择"文件"|"打开"命令，打开一张素材图片，如图8-39所示。

步骤 02 在下方的浮动工具栏中单击"选择主体"按钮，为主体人物创建选区，如图8-40所示。

图 8-39　打开一张素材图片　　　　图 8-40　为主体人物创建选区

步骤 03 选择"选择"|"反选"命令，反选人物的背景区域，如图8-41所示。

步骤 04 在下方的浮动工具栏中单击"创成式填充"按钮，在浮动工具栏左侧输入关键词"草地"，单击"生成"按钮，如图8-42所示。

图 8-41　反选人物的背景区域　　　　图 8-42　单击"生成"按钮

步骤 05 执行操作后，即可生成草地背景，效果如图8-43所示。

图 8-43　生成草地背景

8.2.6　典型案例：扩展人物照片两侧的画布

如果用户想把一张竖幅的人物照片变成一张横幅的人物照片，可以在PS中扩展人物照片两侧的画布，使用"创成式填充"功能填充两侧空白的画布区域，形成一张完整的照片，具体操作步骤如下。

扫码看教学视频

步骤 01 选择"文件"|"打开"命令，打开一张素材图片，如图8-44所示。

步骤 02 在菜单栏中选择"图像"|"画布大小"命令，如图8-45所示。

图 8-44　打开一张素材图片

图 8-45　选择"画布大小"命令

步骤 **03** 执行操作后，弹出"画布大小"对话框，选择相应的定位方向，并设置"宽度"为4000像素，如图8-46所示。

步骤 **04** 单击"确定"按钮，即可从左右两侧扩展图像画布，效果如图8-47所示。

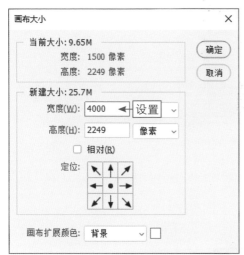

图 8-46　设置"宽度"为 4000　　　　图 8-47　从左右两侧扩展图像画布

步骤 **05** 选取工具箱中的矩形选框工具，在图像区域创建一个矩形选区，单击"选择"|"反选"命令，反选图像的空白区域，如图8-48所示。

图 8-48　反选图像的空白区域

步骤 **06** 在下方的浮动工具栏中单击"创成式填充"按钮，然后单击"生成"按钮，如图8-49所示。

图 8-49　单击"生成"按钮

步骤 07 稍等片刻，即可在空白的画布中生成相应的图像内容，且能够与原图像无缝融合，效果如图8-50所示。

图 8-50　最终效果

8.2.7　典型案例：快速给人物换件衣服

使用PS中的"创成式填充"功能给人物换装非常轻松，而且换装效果很自然，具体操作步骤如下。

扫码看教学视频

步骤 01 选择"文件"|"打开"命令，打开一张素材图片，如图8-51所示。

步骤 02 使用矩形选框工具 ▯ 在服装区域创建一个矩形选区，如图8-52所示。

图 8-51　打开一张素材图片

图 8-52　创建一个矩形选区

步骤03 在下方的浮动工具栏中单击"创成式填充"按钮，在浮动工具栏左侧输入关键词"紫色的裙子"，单击"生成"按钮，如图8-53所示。

步骤04 执行操作后，即可更换人物的服装，效果如图8-54所示。

图 8-53　单击"生成"按钮

图 8-54　最终效果

8.2.8　典型案例：去除广告中的文字效果

如果广告中有多余的文字或水印，用户可以使用"创成式填充"功能快速去除这些内容，具体操作方法如下。

步骤01 选择"文件"|"打开"命令，打开一张素材图片，如图8-55所示。

步骤02 选取工具箱中的矩形选框工具□，在右侧的文字上创建一个矩形选区，单击"创成式填充"按钮，如图8-56所示。

图 8-55　打开素材图片

图 8-56　单击"创成式填充"按钮

步骤03 执行操作后，在工具栏中单击"生成"按钮，如图8-57所示。

步骤04 执行操作后，即可去除选区中的文字，效果如图8-58所示。

图 8-57　单击"生成"按钮

图 8-58　最终效果

8.2.9　典型案例：修改广告图片的背景

当用户做好广告图片后，如果对背景效果不太满意，可以使用"创成式填充"功能快速修改广告背景，具体操作方法如下。

步骤 01 选择"文件"|"打开"命令，打开一张素材图片，如图8-59所示。

步骤 02 在下方的工具栏中单击"选择主体"按钮，如图8-60所示。

图 8-59　打开素材图片　　　　　　　　图 8-60　单击"选择主体"按钮

步骤 03 执行操作后，即可在主体上创建一个选区，如图8-61所示。

步骤 04 在选区下方的工具栏中单击"反相选区"按钮，如图8-62所示。

图 8-61　在主体上创建一个选区　　　　图 8-62　单击"反相选区"按钮

步骤 05 执行操作后，即可反选选区，单击"创成式填充"按钮，如图8-63所示。

步骤 06 在工具栏中输入相应的关键词，单击"生成"按钮，如图8-64所示。

步骤 07 执行操作后，即可改变背景效果，在工具栏中单击"下一个变体"按钮，如图8-65所示。

图 8-63　单击"创成式填充"按钮

图 8-64　单击"生成"按钮

图 8-65　单击"下一个变体"按钮

图 8-66　更换其他的背景样式

步骤 08 执行操作后，即可更换其他的背景样式，效果如图8-66所示。

步骤 09 如果用户对生成的背景效果不满意，可以再次单击工具栏中的"生成"按钮，可以重新生成其他的背景样式，效果如图8-67所示。

图 8-67　重新生成其他的背景样式

8.2.10　典型案例：增加商品广告中的元素

扫码看教学视频

我们在做电商广告图时，可以使用"创成式填充"功能在画面中快速添加一些广告元素，使广告效果更加符合要求，具体操作步骤如下。

步骤01 选择"文件"|"打开"命令，打开一张素材图片，如图8-68所示。

图 8-68　打开一张素材图片

步骤02 选取工具箱中的矩形选框工具 □，在右下方创建一个矩形选区，单击"创成式填充"按钮，如图8-69所示。

图 8-69　单击"创成式填充"按钮

步骤 **03** 在工具栏左侧输入关键词"血珀色红玛瑙手链细节图",单击"生成"按钮,如图8-70所示。

图 8-70　单击"生成"按钮

步骤 **04** 执行操作后,即可生成相应的商品细节图,效果如图8-71所示。

图 8-71　最终效果

本章小结

本章主要讲解了"创成式填充"绘画功能，如扩展图像的画面内容、去除图像中多余的元素、给出提示生成新的图像等，然后通过10个PS典型案例详细讲解了"创成式填充"功能的实际应用，如生成一张山水风景图、去除风光照片中的路人、画出公路上的黄色道路线、更换人物背景、更换人物服装以及修改广告图片的背景等，帮助大家更好地掌握"创成式填充"绘画功能。

课后习题

鉴于本章知识的重要性，为了帮助读者更好地掌握所学知识，本节将通过上机习题，帮助读者进行简单的知识回顾和补充。

本习题需要掌握画出公路上的黄色道路线的操作方法，素材与效果图对比如图8-72所示。

图 8-72　素材与效果图对比